为你钻取　智慧之火

Get the fire of wisdom for you

再见了，孤独

[俄罗斯] 安娜·贝列佐夫斯基 著

张 焰 汪夏铭 译

SPM 南方传媒 | 广东人民出版社

·广州·

图书在版编目（CIP）数据

再见了，孤独 /（俄罗斯）安娜·贝列佐夫斯基著；张焰，汪夏铭译. —广州：广东人民出版社，2022.9
ISBN 978-7-218-14520-4

Ⅰ.①再…　Ⅱ.①安…②张…③汪…　Ⅲ.①心理学—通俗读物　Ⅳ.① B84-49

中国版本图书馆 CIP 数据核字（2020）第 194976 号

ББК 88.373
УДК 159.922.1 Б48
Березовская Анна
Б48 Прощай, одиночество. Пять ключей к счастливой жизни. — СПб.: Питер,
2019. — 176 с. — (Серия «Сам себе психолог»).
ISBN 978-5-4461-1091-9

ZAIJIAN LE，GUDU

再见了，孤独

［俄罗斯］安娜·贝列佐夫斯基　著

张　焰　汪夏铭　译

版权所有　翻印必究

出 版 人：肖风华

责任编辑：汪　泉
装帧设计：书窗设计
责任技编：吴彦斌
出版发行　广东人民出版社
地　　址：广东省广州市越秀区大沙头四马路 10 号（邮政编码：510199）
电　　话：（020）85716809（总编室）
传　　真：（020）83289585
网　　址：http://www.gdpph.com
印　　刷：佛山家联印刷有限公司
开　　本：889 毫米 ×1230 毫米　1/32
印　　张：6　　字　数：120 千
版　　次：2022 年 9 月第 1 版
印　　次：2022 年 9 月第 1 次印刷
定　　价：38.00 元

如发现印装质量问题，影响阅读，请与出版社（020-85716821）联系调换。
售书热线：（020）87716172

前言

你好，我忠实的读者。我们相识于《我是女神，或怎样成为一个真正幸福的女人》一书，在这本书中，我揭示了每个人都可以得到真正幸福的秘密。

现在你手上拿着的是我《自己是个心理学家》系列的第二本书《再见了，孤独》。这是一本指导手册，帮助你走出孤独者的世界，进入幸福者的世界。

孤独是一种特殊的心理状态，在这种状态中，不管发生任何事情，一个人都会是孤独的。当我们极为脆弱的时候，孤独就会找到我们；当我们需要支持和帮助时，我们也将成为孤独的俘虏。

有人自愿把自己幽禁在孤独中，有人听从命运变得孤独。无论哪一种情况，我们都遭遇孤独。或早，或晚，我们与孤独相遇。但是，重要的不是我们是否会孤独，而是怎样体验孤独的状态：走出孤独，还是陷入得更深？

《再见了，孤独》不仅仅是一本书。它是许多经历了不同程度孤独的患者们内心的坦白和倾诉。他们中的大部分人都曾被困在孤独中，甚至放弃了同它抗争，摆脱它。

在本书中，你将了解孤独综合征，了解那种很多人从幼童期，甚至有人从出生时就熟知的状态。这是一种你找不到同外部世界联系的状态。即使你生活在一个完整的家庭中，被爱着、被需要着，你也可能体验到能吞没一切的内心孤独。

孤独的人常常患有各种疾病。恐惧、冷漠、抑郁、慢性疲劳综合征、惊恐发作，这些是他们特有的病征。在这本书中，我将讲述如何不必与孤独苦苦抗争，而是把压力管理的方法运用到自己的生活中，以克服这些病征，并迅速走出孤独陷阱的技巧。我将告诉处于某段关系中的孤独的人，怎样调整好与自己以及与伴侣的关系。

本书无论对男性或女性都有很大的帮助。特别是对那些独自抚育孩子的人。关于这一点将有单独的一章来讲述，怎样才能不成为一个孤独的抚育者，怎样才能不把孩子培养成有孤独综合征的人。

那些处于三角恋中的人也会遭遇到孤独。这是孤独的一种特殊方式，解决这个问题需要长期和细致的工作，特别是这种关系可能会导致离婚的人。如果你陷入这种状况，我将帮助你彻底同它说再见，走出困境。

　　如果你的婚姻可能将要破裂，我们一定同你详细地研究出这段关系中出现的问题并避免离婚。你再也不会处于孤独中——不会如同那成千上万的人在各种网站中找寻自己理想的伴侣，并不断地对自己和自己所选择的心上人感到失望，继续在信息网络中孤独。

　　孤独经常会把我们推向冷漠，我们试图用美食来弥补爱和关注的缺失，把自己的种种问题吃进肚子里。怎样才可以避免如此呢？怎样让自己不成为一个时常感觉孤独的人呢？稍后你将更多地了解这方面的内容。

　　对于那些希望开始幸福生活、摆脱孤独、找到自我和获得和谐美满关系的人，我为你提供了五把开启幸福生活的钥匙。这些是让现实生活充满快乐和幸福的简单而有效的秘诀。这些方法不仅在各种特殊的日子里可偶尔采用，在每一个平常的日子里，当你觉得非常孤独时、当你迷茫时，也需要运用这些方法。

　　在本书的最后，我将赠送给你一则关于一颗孤独的星星的故事。这是一则含蓄的心理童话。你们每个人都能在其中找到自己，能够感受到主人公经历的所有心境，找到走出孤独陷阱的路。这则童话给出了巧妙的提示，指出了一条通往完整的、没有孤独的生活之路。

目录

MU LU

第一章

孤独者的世界

需要害怕的不是孤独，而是不快乐的生活。

孤独是一种特殊的状态。如果是我们主动容许它存在，这也就是说，它是可控的。如果我们不能摆脱它，那就意味着，是它掌控着我们，操纵着我们。

心理学也通常视孤独为一种特殊的状态，在经历孤独期时，一个人感觉不到自己存在的意义，感觉不到被需要。同时，即使你担任高职，有家庭，有工作，有志向，但却不能享受到其中的快乐。

孤独剥夺了我们充实地生活、从生命的每一刻获得愉悦的机会。

事实上，我们所有人或多或少都是孤独的，我们需要社会的支持，需要被接受，自我实现，获得社会价值，因为这是与生俱来的需求，是怎么都无法避免的。

我们寻找志同道合的人，爱人，亲人，那些同我们在"同一频道"的人。一方面，这都是正常的，合理的，可预测的；另一方面，究竟是在哪一刻开始，我们心灵的求索变得不正常了，内心陷入自我无用、不被需要、不满足的深渊？

这些感觉无一例外都是一种否定。但为什么呢？因为往往孤独感本身就是对一个人所拥有的一切美好的否定，否定人的自我价值、精神和力量。我为什么要写关于孤独的感觉？因为如果一个人觉得自己孤独，这还并不意味着他就是孤独的。这只是意味着在这一刻，他用这种方式感知和感受生活，而这种状态对他而言是方便的、有利可图的、舒适的、熟悉的或有趣的。

也许一个人确实形单影只，并千方百计地企图跨越这一阶段——请相信，这确实只是一个阶段。在一个有数十亿人生活的世界里，没有什么东西是永恒的，事实上，若想要孤单地存在，就只能在离地球遥远的星球上。在那里，除了你，再没有任何人。

　　玛利娅是一位非常出色的大厨，每当室外下雨时，她总是感到孤独。她拿自己一点办法都没有，她因此感到愁闷，内心发冷。

　　她日复一日地重复着同样的工作，她心爱的家人在家里等她。但是她一听到雨声，闻到街上雨水清新的味道，立马就陷入孤独状态。她的心情变得忧郁，不想去工作。

　　如果经常下雨，玛利娅就会感到一种无法抗拒的忧伤。为此她甚至去看过几次医生，说自己感觉不好，可能是因为压力太大。但是医生没有检查出异常现象。

其实事情很简单。玛利娅童年时，她的狗在一个雨天跑丢了。当时狗被闪电惊吓后跑出了院子，再也没有回来。对于小姑娘来说，这是一个很大的悲剧，随着时间的推移，她把这件事忘了，可那种感觉却留在了记忆中。所以现在，她已经成年了，可每当下雨时，她还是会不自觉地发愁，感到孤独。

如果你不记得那种可能会在你身上引起这种保护反应的生活场景，如果你遭遇了孤独，感受到了它和它吞没一切的力量，却不明白这是由什么引起的，你要知道，这种相遇可能发生在遥远的过去。刚刚来到这个世界时，你就清楚地表现出对孤独的保护反应，你会大声地哭闹。

你哭闹起来——每当妈妈不抱你时，你就哭闹。当她同别人聊天却没有关注你时，你大声哭闹。当你被教训和挨打时，你大喊大叫、放声哭闹，因为这一刻那个在你旁边的人不是你的亲人，他是一个教育者，一个陌生的、冰冷的、没有感情的人。

　　事实上，孤独是一个人一出生就熟悉的感觉。当我们离开妈妈的子宫开始自己的人生之路时，我们突然再也听不到她的心跳，并意识到自己同妈妈是分离的、孤立的，这是我们此时特有的一种主观的孤独感。只有在当时我们才能感觉到它，且会把它投射到一个具体的场景中，与之共存一段时间，或者一辈子都生活在其中。

　　刚出生的婴儿发出哭声——这标志着他是一个活的生命，他的神经细胞功能正常，他的生命活动在这一刻正在发展。他给周围的人一个信号：他正式成为一个人了。他感受到了在新的世界里自己新的角色，并要求得到关注。同大一点的孩子相比，一岁前的婴儿更频繁地要求关注。

　　这都是因为孩子仍感觉自己同妈妈是一体的。他想象不到自己是独立的个体。通常情况下，双胞胎在出生后很长的一段时间里都会相拥而眠，并经常需要同自己的兄弟或姐妹进行触觉接触。这种习惯可用儿童身体的保护机制来解释：他需要安全感和舒适感。

　　这就是为什么世界各地的妇产医院，通常在婴儿出生后会立即被放在妈妈的胸前，与妈妈相接触，不分离。这也可以解释大量特别有活力的孩子所带有的隐性的神经官能症症状：他们频繁地跑、跳，不能在一个地方好好地坐着，但同时他们中的大部分人，如果在妈妈旁边时，都能安静入睡。

有的医生给他们开大量的药。但在大多数情况下，当他们长大后，意识到自己是社会的一部分时，就会平静下来。

但是，难道是年龄越大，我们就越不需要心理的舒适、宁静和爱了吗？绝非如此。我们只是越来越克制情绪，不叫喊，不哭泣；如果儿童期的恐惧仍然留着我们身上，我们只会在心中哭泣。这种状态类似于把自己心爱的人送上列车后，你在月台上哭泣；然后，你把委屈和忧伤包裹在袋子里，带着内心的哭泣一起回家。过一段时间后，你打开这个袋子并从里面拿出那些回忆，它们大多是细微的、温柔的和亲切的，但也有很多绝望和痛苦——尽管你或许已有充分的自我意识和信心，知道这一切都是短暂的，一切很快会结束，心爱的人也会回来。

孩童也是如此。他们经常在独处的时候哭，因为还没有意识到这种场景是典型的，还不明白他们将继续同它一起生活，他们想一直同自己的亲人在一起。

现在许多父母通常从孩子还在襁褓时就培养他的独立和自足的习惯。妈妈被摇床、电台保姆广播节目和孩子从半岁就开始看的平板电脑代替。父母给孩子的是爱和爱抚的人工替代品，而孩子没有爱和爱抚就会产生孤独与不安全感。

当我们还是孩童时，我们还能把音乐和音乐玩具当成关怀，因为音乐能够分散我们对孤独的注意力，丰富我们的日常。但是当我们长大后，耳机里的音乐甚至可能加重我们的忧伤，激活我们内心那个孤独的孩子。

是的，应该培养孩子适合其年龄阶段的独立性。妈妈也应该有自己的时间和陪伴其他亲人的时间。但是，有什么能取代爱的拥抱和不可或缺的关注、赞美、关心、真诚和幸福呢？

任何东西都不能。但是孩子们越来越频繁地处于完全孤独的状态中，或者被交给托管所或教育机构。父母忙于其他的事情，非常忙。他们没有时间同孩子交谈。那么今后父母和孩子之间的联系从何而来？

正如令人失望的统计数据显示的那样，自杀倾向正成为部分青少年的共同特征——这些还是在欧洲大部分国家形成时期，在传统家庭价值观影响下长大的那一代。

青少年越来越早致力于独立，通常为弥补家庭中爱的缺失，从12岁就开始寻找一段关系，而且是严肃的、真正的关系。但这通常会催生"飞去来器效应"：先是父母从小让孩子独处，而后，当孩子长大后，孤独的人变成了父母，因为他们和孩子之间没有联系，没有爱。

爱是一个非常主观的概念，每个人都有自己的、纯个人的、独特的爱的概念，爱的表现方式同样如此。毫无例外，所有人都需要爱。

依据很多心理医师的经验，过度的自立——孩子早早开始在他不擅长的生活领域自己做决定——有时对孩子非常有害。是的，父母不应该压制孩子的冲动和意志，但也不应该让孩子独自面对自己，而不给予他们道德上的支持和鼓励。那我们该怎么办？如何平衡家庭中的关系？怎样同孩子相处？怎样同自己相处？

首先，让我们来搞清楚一个人身上出现的一些心理状态的因果关系。在这些状态中人真的觉得自己非常孤独。

如果一个人生病了，遭受了压力、恐惧，他肯定需要特别的关注，因为外部因素在加深他的孤独感。

在我的实践中，我把孤独分为客观的和主观的。引起孤独的主要和真实的客观原因如下：

* 亲人去世；

* 只有自己才能处理的复杂情况；

* 重病（伤风除外）；

* 同心爱的人分手。

所有这些原因都会引起暂时的孤独感，但绝不是一个长期的、慢性的过程。那种慢性的过程会导致多年的抑郁，并让人不再渴望改变生活，而是结束生命。

有时我们把客观现实和自己的主观世界混为一谈。我们生活在主观世界中，就像是在我们习惯的世界里。而且在我们看来，发生在我们身上的每一件事都是脚本的一部分，是我们在他人生活中所扮演的角色的一部分。

我接诊过一位女性，长得很漂亮，保养得也很好，亲切和蔼。她笑容神秘，温和。但她的生活似乎出现了问题。她为什么要咨询心理医师、家庭问题导师？

"伊琳娜！"她这样自我介绍后，目光久久地望着墙，纤细的手指不时地拽弄围巾，然后带着哭腔，继续说道，"我不能再这样了！我不能原谅他！我不能原谅爸爸，因为他抛弃了我。我孤单一人，你明白吗？只有他爱过我，只有他需要过我！"

在咨询过程中我们了解到，伊琳娜的爸爸在她37岁时就过世了。她认为，这件事发生得太早了。她还没有在生活中遇到一位比爸爸更亲近的男性。她甚至都没有用"父亲"这个称呼，更多的是"爸比"。

这看起来似乎是创伤后应激障碍的标准情况，治疗后很快就会痊愈，但是没有。这位女士从襁褓时起就只依赖爸爸，同妈妈的关系是破裂的，因为她的爸爸对妻子没有表现过爱和关心，但是非常喜欢女儿，对孩子很宠溺。

伊琳娜花了半年多的时间才承认：这个她心中的好男人、家庭支柱、爱人的典范，没有让她创建好自己的个人生活和安全感，也没有让她免于孤独。

她结过婚，但由于丈夫殴打她而离婚了。丈夫说他只爱儿子，但却不能同她一起生活。脚本起作用了：伊琳娜吸引的男性正是一个只关注孩子，不顾及她的人。

脱离脚本是痛苦的。她越来越试图回到一种不安、痛苦和冷漠的状态。但拥有一个完整人生的目标引导她走上了另一条生活之路，走向了一段新的关系，在新的关系中她给予爱，并接受爱作为回报。

从褴褓时就开始的孤独感似乎是弃儿所特有的。他们不被任何人需要，没有人关心他们。这样的孩子是在一个与他们自己相似的人组成的集体中长大的。他们比那些和父母住在一起的同龄人更封闭，也因此，他们需要一个完整的家庭。但他们适应了他们独特的家庭形式——集体交流、友谊和爱。因为他们的家是寄宿学校和福利院。

社会教育工作者越来越多地发出警报，因为在父母健全的家庭中也出现有心理缺陷的孤独的孩子。有的父母相互之间没有联系，同孩子甚至没有言语交流。很多夫妻由于关系出现危机办理离婚时，他们的孩子甚至还没有满三岁。

女性常常认为男性不具有孤独的特征，因为他们更容易找到伴侣，这也是为什么他们很容易离开这段关系。但是他们离开的很多原因正是孤独。他们只是不大声说出来，而是做出决定，并在另一段关系中寻找相互理解和爱。

男孩不那么情绪化，他们用另外一种方式感知现实。这就是为什么他们被感情丰富、温暖的妈妈所吸引，而女孩则被沉着冷静、意志坚强的爸爸所吸引——正如大众普遍认为的那样，儿子更亲妈妈，女儿更亲爸爸。所有的这些在心理学上都是可以解释的。

令许多人费解的是，患有先天性自闭症的儿童数量迅速增加。如今，许多儿童在2岁至5岁时被诊断患有这种疾病，而且表现得并不明显。在德国，这些孩子不再被认为是特殊的，他们只是在按另一种方式发育，他们不需要与周围的世界进行口头上的言语交流。他们不受封闭和孤独的折磨，他们生活在自己的世界中，有自己敏感的知觉，并且往往在数学、绘画、音乐方面有着卓越的才能。

是的，正如历史告诉我们的，很多天才都是孤独的。他

们受到恐惧的折磨，有些人甚至害怕亲密关系。孤独是我们
为荣耀付出的代价吗？绝非如此。

只是，做力所不及的事情和理解天才都是困难的。要知
道建立亲密关系不是找一个同你一般天才的人，或者一个同
自己一模一样的人，而在于去感觉和接受关心、爱和温情，
这些也很重要。

孩子们最初通过大声哭喊，来引起妈妈或其他亲人的关
注。他们若没有找到她，迟早会降低哭声，最终停止哭喊，
开始安静地想念妈妈。但他们仍然意识到自己是孤独的，
意识到自己的需求。最后一个阶段似乎是不可逆转地否定
这段关系，也就是当父母和孩子之间的联系实际上已不存在
的时候，孩子不接受父母，也不承认他们的地位。正是在这
一阶段，父母可能会开始积极地尝试改善关系，并重新掌控
局面。

但是孩子不再听父母的。他已经适应了焦虑和孤独。我
经常看到这样的家庭：比起妈妈，孩子更喜欢奶奶或外婆，
常常去牵陌生人的手，依偎着他们，不停地跟在其他孩子后
面到处跑。

父母认为孩子是个笨蛋，他是在吸引不必要的人的注
意，制造麻烦。而事实是孩子正在试图走出困境，在他人那
里证实自己的存在。

如果你在你的孩子身上、在你的家庭或亲子关系中看到上述任何一点，请试着建立联系，重新建立家庭成员之间的良好沟通方式。请再给自己一次机会。

如果你完全不知道该采取什么措施，不想浪费时间，那么你可以直接从同孩子一起做任何一件事情开始。你非常忙，你没有时间同他一起学拼音，一起读会儿书，那就培养他做家务。你们可以一起擦地板，一起浇花，一起收拾玩具。当然，采取的方式要让孩子感到舒适，不要对他大喊大叫，或下命令要求他必须帮你。

可以从孩子三岁时开始类似的游戏，还可以更早。哪怕一天半小时，请你和孩子一起做点事情。

我在工作中遇到过这样的家庭：妈妈对孩子忽略到甚至在他还在吃饭的时候就离开餐桌，在他玩耍的时候就走出孩子的房间；试图把工作安排到周末去做；不容许孩子把头靠到自己身上，非常粗鲁地把孩子推开。爸爸试图改善这种情况，但是始终将其归因于妻子不爱孩子，甚至是憎恨孩子，并且把这些话说给妻子听，预言这一切的结果会很糟糕。所有人都把原因归结到妻子讨厌的性格和她的忘恩负义。但实际上她是在逃避自己，逃避自己的生活。她自己就处于孤独中，再去承受他人心灵的空虚，对她而言似乎是过重的负担。

但她只是没有考虑到这一点：如果妈妈给孩子爱，孩子也一定会用爱来回应——爸爸也一样，如果你确实爱孩子。正如任何一种生命之中，如果爱是真诚的、无私的，那么双方都将得到他们所想要的。

孤独常被等同于封闭和偏狭的性格，它同任性和懒惰一点儿共同之处都没有。虽然周围的人经常这样认为：说自己孤独的人，只是懒惰或无所事事。但是他应该把自己内心的空虚感放在哪里好呢？

如果一个人在此时此地是孤独一人，那么于他而言，年龄多大、生命还剩下多长时间是没有意义的，因为时间已经停止走动了。

在工作中，我会对每一种具体的情况、每一个患者的经历进行评估，并把孤独状态按时期和阶段进行划分。我想把这个方法介绍给你，让你可以分析自己的生活并得出结论。

成年人孤独状态的阶段、周期：

*"我要一个人生活一段时间，一个人待会儿"。这是一个值得关注的时期，人在此期间会给自己想出那些并不存在的障碍和自己的各种消极面，虽然还没有完全把自己同失败者和孤独者联想在一起，但是也没有同他人联系和交流的愿望。同时，如果有了契机，处于这一阶段的人很容易会将自

己划归到失败者与孤独者行列。

*"可他们爱我吗"。在这一阶段，一个人开始通过别人对他的反应来认同自己。他开始越来越怀疑自己的生活立场和角色，不再积极地为未来制订计划，没有目标。孤独开始折磨他。

*"我独自一人"。一个人在这个阶段还同他人有联系，但却坚信，没有人会理解他、接受他，没有人需要他。即使是已婚女性，她也会经历孤独、冷漠和抑郁，得不到回应。

*"谁需要我？没有一个爱我的人"。在这一阶段，一个人会意识到自己没有另一半，他不得不独自四处漂泊，而且情绪波动和惊恐发作会不断加剧这一状况。

*潜抑阶段和依恋阶段。这是一个非常复杂的阶段，但是很多人会很快达到这个阶段。它的实质在于，一个人进入了一段关系，却有意识地用自己的行为、自己的不信任来破坏它，其目的是独自痛苦，他们相信这种关系不会有任何结果。

*下一阶段——恐慌般需要亲密关系，同时又害怕在其中敞开心扉。这是怎么回事呢？一个人怎么可能又想离开，又想留下来？有家的状态不错，他是不明白自己想要什么，还是一切都很糟糕呢？这是情侣间典型的状况：怎么都无法好好在一起，分开又不情愿，因为害怕孤独。这是一种互相依存的关系，但两个人的生活却被毁了。可成百上千的人怎么

都不想摆脱这种与生俱来的恐惧啊。

现在让我们一步步分析孤独这个问题，尝试找出它出现的原因和它带来的后果。

事实上，当你因为这样或那样的原因掉进了孤独的陷阱后，尽量不要把注意力集中在此。你应将这段生活视为优先事项和中途休息期，但不要为自己戴上独身的冠冕、丧事用的黑色头巾，不要挂上沮丧、抑郁的标签。与冷漠相反，要同他人联系、交流，成为关注的中心。也不要去思考：这一切将给我带来什么结果？我为什么需要它？我想痛苦，折磨自己，因为这让我更舒服。外面下着雨，我很孤独，我哭泣，我是一个不幸的人……当然，苦闷、沮丧一两天是可以的，但是接下来必须打起精神，跑向新生活。除此之外，别无选择。

我经常注意到，许多经历着压力的女性会不停地述说自己的压力。她们是在分享负面情绪吗？不是，她们是在与周围的世界保持联系，努力寻求认可和支持，通过他人让自己变得坚强。是的，许多人哭过、痛苦过后，就开始重新建立幸福的生活。

在接下来的阶段，即孤独综合征的发展阶段中，人们总是在担心：一切是这样吗？他是否爱我、是否出轨了？我是否在失去爱人，会不会着凉生病，会不会意外死亡？他们时常地检查、监控，处于过度焦虑的状态中。到这一阶段，人们已经缺乏对另一个人、对生活、对周围的人的信任，常常希望躲起来，一个人待着。同这样的人相处很难，他们开始带来麻烦：在他们看来，别人做什么都错了，生活方式不对，工作做得不那么好。他们企图控制一切并处于持续的紧张状态，离神经质不远了，因此需要恢复信任、内心的平静、健康的睡眠。

但怎样才能做到这一切呢？答案是：把注意力从你自己身上转移到他人身上，学会放手，还有最有趣的一点——容许自己当一个弱者。是的，在解决问题的每个阶段都应该提高自我评价，否则你可能会出现心理的病理变化，这种变化或许缓慢，但必然会发生。

怎样提高自我评价？首先要赞扬自己，回忆你过去所做出的成绩，但不要要求别人也同样赞扬你。尽管他们可能还没有准备好，对你会有相当奇怪的反应，但现在，只要活出你积极的一面就好。学会把别人的观点和你自己的观点分开。

什么能帮到你呢？做一项名为"我就是世界"简单的练习。它将让你开始信任周围的世界和你自己。这个练习一点都不复杂，但你得按以下要点完成练习：

1. 记观察日记，开始养成写观察日记的习惯；

2. 从写日记、制订每天的计划开始自己的一天，用粗体标记出计划中你喜欢的部分，并对这一部分给予最多的关注；

3. 记录一天中所有让你高兴的事情；

4. 把所有复杂的情况、未解决的问题写在一个单独的专栏里，并在后面加上"我相信世界，我就是世界，一切问题都将按我的想法解决"；

5. 你要清楚地知道自己想要什么、期待什么样的结果。如果你向一切挥手告别，放弃一切，不为任何事情去努力，那么你的孤独只会加深。

这都是胡扯吗？你先试一试，之后再去思考。在这项练习中，我们许多患者甚至会记录详细的行事日程，仿佛他们希望这是在同上级、领导和亲人沟通。很多人补充写道："我让亲人、让爱进入我的世界。"

接下来你可能会进入不愉快的时期——沉浸于过去的时期，还往往是虚构的过去。事件可能都是真实的，但对它们的认识已经扭曲，原则上你已不可能对人身上发生的一切找到合理的解释了。

当你不断地挖掘已经发生在你身上的一切，并试图把过去强加给现在时，该怎么办？你怎么都决定不了让自己对过去放手时，该怎么办？

这时，你应该试着分配优先事项。如果此时此刻你不能独自应对自己的焦虑，而又不想让其他人参与到这个问题中来，那就选择一种放松的方式，开始自我反省：

* 放松的冥想；

* 淋浴；

* 按摩；

* 创作；

* 散步；

* 观察自然。

你可以选择任何一种让你能独自面对自己并平静下来的方式，放下所有不必要的事情。如果你选择了观察自然的方法，那就让自己完全沉浸在当下，去感受你此时此刻确实在你应该在的地方。你要清楚地意识到自己的现实生活，不要虚构一个不存在的未来。

此时此地，你要让自己感受到现实，意识到它，逐渐把你的注意力转移到当前的事件上，并开始意识到你所沉溺的已是过去的事情。即使那是最近的过去，它也已不再与你同在。

现在，沉浸到未来中，但要非常小心。你要感受到未来带来的希望感。想着它时，如果你感到某种悲伤，那就意味着你还在为过去的事情感到羞愧、懊恼，无法让自己脱离这个恶性循环，一直处在痛苦和折磨中。只有当你意识到过去已经早就过去了，不再控制你，你才能让未来到来。

即使你不太明确你渴望着什么样的未来，你也可以平静地追随它，且不要为此感到煎熬。你会得到你所梦想的和你应该得到的。

在处理孤独问题时，我常把它分为"种"和"亚种"，不同阶段、不同的情况需要采取不同的治疗法。但在没有他人干预和监督的情况下，如何独自应对孤独？

让我们首先确定你所感知的孤独的形式和类型：你的情绪和感受是客观的，还是主观的？是外部原因导致了你的孤独，还是一种让你精疲力竭的内在状态？你的处境是原发性的，或者这已经是你对自己生活所发生的一切的第二反应。

那么让我们开始吧。孤独的感觉可能是情境性的，例如，引起孤独感的可能是前男友的形象，离家很长时间的妈妈的形象，或是某一首音乐、某一部电影。

孤独的情境性特征在于，当你走出这个情境，停止思考某件事时，你会自动摆脱孤独的感觉。在这种情况下，一切很简单。

但是，如果你已经纠缠于自己的回忆，纠缠于那些会给自己招来痛苦甚至愤怒的情境，如果你好像陷入了无限重复中，一遍又一遍地回想孤独的感觉，那么你在同主观的孤独打交道。相信我，痛苦的客观原因不存在。

冉娜在怀孕的第二个月失去了她的孩子。她非常想要孩子，并渴望成为一个好母亲。怀孕是她渴望的，也是期待已久的。但不幸发生了：她失去了孩子，而且她很长一段时间都不能面对这件事。但她的丈夫相当平静地接受了这个消息。他耸了耸肩，说："能怎么办呢？我们只能等待。"

但冉娜的内心发生了某种变化。她常在脑海中回放着得知自己怀孕后的喜悦的感觉，但随之而来的是痛苦、恐慌和怀孕终止的消息带来的孤独。

她不再注意她的丈夫、她的朋友。痛苦、不满、冷漠——这一切持续了一年，直到丈夫说这样的婚姻不是他所需要的，孩子死了这一事实是非常令人悲伤的，但他们还活着，而且他想生活在一个正常的家庭中。

主观态度在这里起了巨大的作用。冉娜没能意识事情已经过去了，而眼下还有很多新的机会和其他事情，而非只有痛苦、失去和内心的煎熬。

冉娜的问题出在哪里？在于她的内心完全是孤独的，她因内心强烈的孤独而疏远了她所爱的人和整个世界。她封闭了自己。

记住：悲伤会发生在每一个人身上，痛苦、失望、孤独——我们都会时不时地经历这一切。

但这些情感应该是客观的。应该把它们视为暂时的，不要让它们充斥全部生活。

为什么我们会悲伤？或许因为我们思念着一个人，或许因为我们不能适应一种新的生活，或许因为我们怜悯自己，或许因为身边有人离世。当然，有人很快就会清醒过来，并努力在失去后变得更好，成为对他人有用的人。

长期的悲伤往往基于对自己的怜悯。这样说似乎很不人道，但你拥有生命，它在继续——这就是最大的意义。人不应该活埋自己。是的，世上的确存在失去的痛苦——这是一种正常的心理反应，但它不应是长期性的沮丧，也不会是病态的、吞没一切的孤独。

如果你的孤独是由外部因素造成的，那就试着直接放下它们——一切都会变得更好。如果你自己决定要成为一个孤独的人——那就给自己时间。你要确切地知道这种行为的目的和后果，不要用你的感情和他人的情绪做实验，不要利用它们。

不要让孤独奴役你。孤独没有任何界限，它会随机选择自己的受害者。所以，你自己不要去激发你生活中那些会导致彻底孤独的情境。

第二章

寻找自我

在这个巨大的世界里，在日常忙碌的生活中，在无穷的信息流中找到自我——这是最好的福祉。

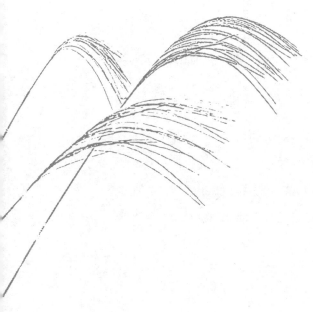

边缘状态

从出生的那一天起，我们就在这个巨大的世界中寻找自己，通过感知他人、通过我们自己和别人的生活经验来认识自己。我们尽力在似乎不能生活的地方活着，而且不仅是活下去，还过着充实的生活。虽然我们经常独自前行，但并不孤独。

为什么一个人要寻找自我？因为他生来就是为了要知道自己是谁。

正确地寻找自我，没有统一的方法。我们每个人都有自己的方式和方法去认识生活的意义。有人通过一种永恒的、激情的创作寻找自我，有人需要积极和快乐的情绪，而有人只是专注于他人的生活，并试图在他们的经历中、从发生在他们身上的情境中找到自我。这些方法是对的吗？它们都应当存在吗？

　　塔季扬娜和斯维特兰娜是双胞胎，她们从出生起彼此之间的联系就很微妙。但她们在情感上是完全不同的人，她们对生活的感知方式是如此的不同，以至于无法把她们进行比较。

　　塔季扬娜一直是个很冷静、克制的人，还在儿童时期她就喜欢一个人玩，但她总是微笑着对周围人，因他们而高兴。斯维特兰娜却常常要求关注，经常哭哭啼啼，担心没有人给予她关注。

　　当姐妹俩长大后，斯维特兰娜仍然动不动就感到不安。在她看来，她的生活中一切都很复杂，甚至是糟糕的，她不知道如何来充实自己，怎样实现自我。她不知道她是谁。从小到大，她一直认为自己是姐妹俩中更糟糕的那一个。塔季扬娜却早就知道自己想成为一名医生，并实现了这一梦想。

　　这是我同事和她妹妹的故事。大家似乎以为，双生子怎么会感到孤独呢？他们似乎永远不会处于平静和安静的状态中。事实上，是会的。

　　斯维特兰娜内心深处对自己命运的追求走得如此偏离正轨，以致她开始遭受边缘心理状态和人格障碍的折磨。

边缘心理状态的原因往往是恐惧孤独。是的，就是恐惧，而不是实际上已经处于孤独中。也就是说，一个人可能还不是孤独的，他仍然处于一段关系中，但同时也会因为害怕变得孤独而感到不舒服、恐慌、冷漠。

那么，什么是边缘心理状态呢？这是一种疾病，同时又不是疾病。这是一种不具备严重病理特征的、超出常规的异常状况。边缘心理状态可能发展为：

* 神经症；

* 恐惧症；

* 惊悸；

* 慢性疲劳综合征。

边缘心理状态的初期症状是什么？这是一种急剧的情绪落差。一个人原本快乐、活跃，却突然开始苦闷、伤心，表现出攻击性，而且似乎为自己的行为找到了理由，放任自己处于消极的状态，周围的人无法预料他对听到的消息会是怎样的反应。从一个极端到另一个极端，是这类人心理变化的特点。

处于这种状态下的人常常对自己和未来没有信心。他时而爱着自己的另一半，时而突然想将其抛弃，还要由自己先这样做，然后忘记这段非常折磨人的关系。而这是一个没完没了的恶性循环，他因此感到痛苦。而他的亲人们无法为正在发生的这一切找到合理的解释，故而只好远离那个在遭受这种疾病折磨的人。这样却让问题更加严重：患者一个人是无法自救的。

瓦列里无法理解自己对妻子的态度。他总是突然想同她离婚，并找出很多他要这样做的理由。但过两天他又恢复理智，并且注意到他妻子身上有许多优点，如聪明，或是今天又打扮得很靓丽——虽然事实上，在家里她每天穿着同样的家居服。也就是说，实际上一切并没有任何改变，除了瓦列里对她的感受。

这个男人经常犹豫不决，折磨自己和他的家人。他非常害怕他的妻子出轨，疯狂地吃醋，并不断地试图先离开她，以免感到自己是被抛弃的、被欺骗的，也为了让自己不再被恐惧窒息。

事实上，瓦列里想要逃离的不是他的妻子，而是他自己。他在回避他害怕的事情——成为孤独的人。但最矛盾的是，他在固执地走向孤独。大家都说，他需要直面恐惧。但是，事实上，这样做并没有什么好结果，因为他的恐惧不是对正在发生的一切的客观反应，而是一种主观感受，一种不受控制的行为。

瓦列里会有这种恐惧的原因是他父亲很早就离开了家庭，瓦列里从三岁起就和母亲一起生活，没有和父亲再来往。但瓦列里很清楚地记下了那个画面——他下意识地记得，母亲因为父亲抛弃了他们、背叛了他们而哭泣。小男孩身上负荷了成年人的问题，带着它长大，并且把它带入到了自己后来的家庭里，他没有意识到他的行为同样可能导致自己的孩子也没有父亲。恐惧脚本在他身上肆虐，而他也丝毫不差地按脚本在演绎。

排列方法对这种情况有很好的帮助。我们没有试图深入研究父亲的动机，我们列举的是瓦列里生活的优先事项：对他来说更重要的是什么？是可能有一天会发生的背叛，还是他的家庭和现在存在的问题？他实际上不能想象没有家的现实生活。

他每天都在边缘徘徊着，想象着，就在这一刻或五分钟后，他的家庭生活就会结束，而他完全不知道那样的话自己该如何继续生活。他用怀疑折磨他的妻子，与某种毫无根据的恐惧为伴，却无法理解是什么使自己如此痛苦。

值得注意的是，在治疗男性患者时，冥想并不总能产生积极的结果。大多数男性具有的从实用角度评价对象的能力，这种能力不会给他们放松和冥想的机会，但排列内部优先事项的方法对男性却很有效。

把情绪中那些同他父亲的离去的有关的部分分离出来后，瓦列里消化了它们，并开始向前看，积极地生活。他思考的不再是生活在即将终止的关系是如何可怕，而是他和他的妻子还有很多之前没有利用的机会。他不再担心未来，开始驾驭它、建造它、创造它。

患有高度焦虑的人经常关注的是危险，他们提到孤独时，把它作为一种关系发展的脚本。他们在自己的脑海中不断地演绎各种未来的生活场景，其中许多场景都带有消极的色彩，这也就导致了关系的破裂和真正的孤独。

我们得到的将会是我们相信的，我们所想的，我们心中追求的，我们投射的。

但是，由对孤独的恐惧引起的边缘状态和真正的精神异常的界限在哪里？没有界限。人们害怕自己，害怕自己的思想和可怕的事情。频繁的压力、紧张、糟糕的睡眠、运动量不足，这些都会促使心理异常状态的发展，故一个人实际上已经应付不了自己了。

饮用酒精饮料、吸食毒品只会让情况更糟，而且也根本不能让人放松和休息。但是如何确定，你还能控制自己、还能驾驭你的恐惧，而不是被它驾驭？

如果你还能意识到自己的问题，经常察觉到自己的负面想法、怀疑、吃醋，但同时你自己能让自己平静下来——那么你接近健康状态。

只剩下最后一步——相信自己，相信自己是独一无二的。

正是不相信自己的独特性，意识不到自己是独立的个人，导致了边缘障碍。在这种情况下，人们经常处于强迫症状态，陷入恐慌、抑郁。他们不完全了解自己是谁，甚至试图扮演不同的角色，例如，一个好妻子、好情人，或好妈妈。今天扮演什么角色会成功，因为哪一个角色我会被爱？应该怎样同伴侣交流才能让对方不离开，让关系继续下去？如果我不是他想要的那样呢？这样的问题往往来自患有边缘性格障碍的人，他们不把自己作为个体从人群中区分出来。在任何情境中他们都意识不到自我的存在，只会不断地把自己同某个人做比较，并且只在自己身上就找到了几百个缺点。

这样的人非常害怕改变。这也不是无缘无故的，而是因为他无法控制自己的行为，同时也不能预测同伴的行为及其将会带来的后果。

这一切是如何表现在关系中的呢？非常简单——这样的人会经常控制伴侣。在这样的关系中没有私人空间，他会全面监控伴侣的来往信件、电话，甚至头脑里的思想。他在想什么啊？在想谁呢？为什么啊？为什么他下班晚了？为什么不打电话？他再也不打电话了吗？当一个人不停提出类似的问题时，他没有意识到，事件的发展还可以有另外的脚本，生活还可以是另外的样子，他本可以于此时此地结束这种恐惧并开始信任伴侣。

许多人乐意停留在类似的状态中。当人们在盘问自己的伴侣时，若看见对方有回应，看见他表现出兴趣，而且看见他是可以接近并且可坦诚对话的，他们就会很愉快。但是，伴侣会长久忍受这样的关系吗？或许他很快就会对无休止的审查和勒索式的过分关注发出抗议的吼叫。

还有一种形式的孤独——需要不断地从伴侣那里获得他们爱他，需要他，离开了他简直就不能活不下去的信号。他们用这样的方式来确认自我的意义，确认自己被需要，证明自己在他人生活中的重要性。这样的人通常被称为能量吸血鬼。这种能量掠夺迫使很多人停留在一段关系中，但在此基础上建立的大部分关系都是非正常的。

能量掠夺的实质是什么呢？这是一种对伴侣心理能量的利用，是一种勒索式的消耗。伴侣可能会激发你的一些情绪，例如恐慌、恐惧、委屈。你会在情绪的高峰时得以放松，而伴侣也会从所发生的一切中获得满足。

如果你放声大哭，这意味着你将大量的能量抛给了伴侣。但如果你的情绪被激发了，你怎么能控制你的眼泪呢？眼泪也不需要去控制。你需要做的是去分析挑衅伴侣的行为举止。如果你看到伴侣行为失常并且非常想把你带入这种状态，要么你尽量不要阻止他走出困境，立刻远离他；要么试着理解出现这种情况的原因，并帮助你的伴侣度过它。

对许多人来说，第一种选择更简单，他们只是离开，逃避。也有人会选择和伴侣交谈，但最好是在对方情绪已经平息后才这样做。

伴侣经常把折磨自己的孤独之一作为自己行为的原因。例如，一个女性厌倦了所有家务一直都由她自己在做的状况，她指责所有错都在男方，认为他不理解她，听不到她的心声，也看不到她的付出，将一切都压在她身上。而如果男方竟能问出："你向我求助了吗？"那么吵架将直接上升成"世界大战"，而且问题最终未必能和平解决。我们最好尝试另一种方法：把选择权留给伴侣，离开这个场景——"我不打算搞清楚这一切，我要去厨房喝茶。你和我一起去吗？

如果你去，那么结束这个话题，我们稍后再谈。"

在上面的例子中，我们只是在讨论问题是由人主观生发出来的情况。当确实存在客观问题时，则不应该逃避责任。但坐在厨房里喝着茶，也可以一边避免冲突，一边就问题达成一致。

恐惧和强迫性恐惧

恐惧和强迫性恐惧经常伴随着那些病态地害怕孤独的人。

一个恐惧引起另一个恐惧，结果就形成了一条坚硬的锁链，人们不仅很难把它砸碎，甚至很难削弱它的束缚。在进入长期、全面、真实的孤独状态后，许多人开始不断地经受明显的投射式恐惧。也就是说，为了战胜恐惧，同它们说再见，接着为自己创造害怕的情境。这意味着什么？意味着一个害怕失去爱人的人要么选择不亲近任何人，要么不能完全信任伴侣，要么会主动发展一段关系。

我们已经谈到过"我会先离开"这种情况，还谈到了理解身边的人并接受事实的他是多么重要。即便你身边没有这样的人，也要接受真实的现实，不夸大，不缩小。如果做不到，那你将无法创建丰富的、有价值的、真实的人生。

害怕孤独的人往往害怕与伴侣的身体接触，非常害怕他们的伴侣会发现一些关于他们的事情，这也会在无形中把伴侣推开。

这是那只所谓的"潘多拉的盒子"，一个人不作分辨，主动自觉地把各种害怕、恐惧放入盒子里。他只是把它们塞进去，试图让自己躲开它们。但他能逃避的时间非常短。

如果这个人有亲近的人，他们或许会一起开始整理这个"潘多拉的盒子"，试图找出是什么惊吓到了他们所爱的人，因为什么原因他开始表现得奇怪、神秘，甚至咄咄逼人。

攻击性常常伴随着那些害怕孤独的人，他们的攻击性行为可以是突发的，也可以是有计划的。我想告诉你我遇到的一个案例。

一对中年夫妇来我处就诊。他们之间没有离婚的问题，他们早就分开了，但继续定期见面。两个人在来往，并想理清楚现在的情况，找到出路。

经双方同意后，他们分居了一段时间。但重新合住的时机出现时，女方开始抗议，直接把男方推出门外，气势汹汹地对待他。但另一方面，当他从外面关上房门时，她又忍不住号啕大哭——他又走了，按她的要求这样做了，但是女方并不想要这样的结果，只是攻击性行为自动发生了，她把伴侣推出门外了。

她没有说她不爱他。她疯狂地害怕他会再次离开，即使只是一段时间，所以她立刻把他推了出去，以免有所期待。

在一些夫妻身上，类似的情况发展到其中一方仅仅因为下班晚了，或者因为同某人来往就被伴侣推出门外。"同其他女性做朋友，和同事交流，意味着他对他们感兴趣，意味着，他不再是我的男人，也许这会导致分手。"即使这些想法的形成只是依据消极脚本里的一种可能性，但也是时候引起警觉。

如何做才不会害怕？首先，我们是人类，并且我们有优秀的沟通能力（尽管许多男性不会同女性讨论她们的问题，只会让她们独自面对问题）。如果你意识到你的处境与前面所描述的非常相似，那么你就应该深入到过去，了解引起恐惧的原因：

* 你失去了爱情；

* 你失去了自己；

* 你出轨了；

* 你被出轨了；

* 你被骗了；

* 伴侣有很多事情都瞒着你。

要明白，重要的是只需找到你行为的根本原因，你就一定能改变它。如果你百分之百相信，你的伴侣配不上你，你的父母不看重你，也不承认你的功劳，你的朋友远非真正的朋友，那么终止与这些人交流，停止折磨自己和他们，停止要求他们给予某种不现实的东西。你不能拒绝吗？犹豫不决吗？而如果是你错了呢？如果那个人配得上你呢？如果他们真的爱你呢？感到怀疑吗？对现实的感知是双重的吗？

是的，上述的那些情况经常存在。当生活中出现大量困难时，当一个人身上背负巨大责任时，当他一直在害怕某种东西的时候，他害怕应付不了这么多的状况，并且也明白，他应该把部分责任从自己身上转交给另一个人，该考虑自己的内心也需要平静。

在我的患者中，有许多成功的富人。他们经营着自己的生意，帮助人们解决大量的问题，但很多时候，他们不愿意谈论自己在此过程中所遭遇的困难。

成功背后往往是深深的内心孤独。一个人完全把自己投入到赚钱中，是的，他或许会拥有数百万财富，但这一切的背后是逃离现实的愿望。

若一个人在工作中是成功的，他就会被他人认可，而在当下，被认可是非常重要的。于是一个人会想要越来越多的钱，越来越多的成功，而结果是，当他开始明白他的个人生活会因此而崩溃时，他就会进入边缘状态。

这种情况需要选择吗？不。此时人们需要的是分配时间和资源。虽然时间也是一种资源，但我总是把它单独列为一项。时间总是不够的，尤其是为了享受生活。成功人士常常想要抛弃一切和违反行为标准。尤其是公众人物，整个社会都认为，他们不应该有情绪。当一个人拥有数百万财富时，怎么会有什么不对劲的地方？但"不对劲"可能出现在私人生活中，准确地说，有问题的地方正是他们缺乏私人生活。当一个人一边接受自己的意义，同时又因此而恨自己时，或许他就处于边缘状态了。

如果你离边缘状态不远了，该怎么办？别怕它们。要知道，你处于困境中，你需要休息、反思、放手。放下你的恐惧，让它们远离你吧。

抑郁和冷漠

秋天或春天易发抑郁是许多人熟悉的，但很少有人会想到，常见的忧郁最终会发展成为真正严重的心理问题。

孤独在四处窥视我们。

被"窥视"的想法往往伴随着那些陷入抑郁的人。我们需要学会区分抑郁不明显的、隐藏的形式和外显的形式。当你处于不明显的抑郁状态时，你很疲倦，并且想好好休息，但休息好并不仅仅需要没有噪音和喧嚣的环境，而且还需要没有亲人、朋友在旁边，没有外界的关注。你一直感到疲乏，但同时你又应对不了自己的疲劳感，只好等着它自己消失。但你的期待可能不会成真，你会开始越来越深地陷入疲乏的状态中。

冷漠是抑郁症的初期阶段之一。对一些人来说，这是根本原因；对另一些人来说，这是对已经相当复杂的心理图景的补充。是的，在某些情况下，冷漠可能有充分的理由。你可能确实忘记了一些重要的事情，错过了一些重要的时刻，没有得到期望的结果，所以你陷入冷漠。

冷漠就像慢速摄影，就像那个你按了、却忘了放手的"停止"键。

并不是每一种冷漠都与抑郁有关。也许就在不久前生活还让你感到喜悦，但如果你对日常琐碎的生活，对生活中满满当当的日程感到非常厌倦，你因此渴望一个人独处，什么也不做。

什么都不做的时光是相当令人愉快的，它可以给你新的机会，一个从另外的角度审视自己的生活的机会。经过这样的"重新启动"，你可以成为一个幸福的人。你可以平衡自己内心的状态，稍稍无所事事，但是，仅仅一两天后，你就应当回到正常的生活节奏，而且要善于给自己的生活做点改善，例如，打扫整理房屋。

如果你的冷漠状态与孤独无关，那么你会很快结束它。你将能够现实地看待生活，并能认识到，你实际上只是想让自己放松一下。在从事创作的人身上经常爆发冷漠，这可能同倦怠或敏感的心理特征有关。

恰恰是那些拥有过高的创造潜力的人，会经常陷入冷漠状态，而其后果则是掉入抑郁中。他们在爱情中往往是不幸的，他们会非常敏锐地感觉到孤独。孤独折磨他们，不给他们建立同异性对话的机会。他们常常感到，他们被故意冒犯、背叛、抛弃，他们的伴侣对他们有所隐瞒并在图谋着什么。

有时他们甚至刻意让自己痛苦，而后通过对痛苦的感受进行创作。他们既不能被定义为有坚定个性的人，也不是精神不稳定的人。具体情况具体分析，对每个人需要用不同的治疗方式。

冷漠诊断中存在的问题是，许多人认为它是一种正常的心理状态。但是，当一个人厌倦了单调重复的生活，越来越想好好休息，却又不允许自己这样做时，他就掉进了一个陷阱。

安德烈总是非常冷静和沉着。他认真负责地对待自己的工作，对待所有的请求和嘱托。但是在他的生命中出现了这样一刻：他停下不动了。他只是坐在家里的椅子上，并且也明白，没有什么在改变。一件又一件的操心事，大量的工作，数不尽的社交聚会和漂亮的女人。但除此之外，什么都没有，他的内心深处是一片荒芜，没有爱和情感。他被困在这种状态中。

在生活中，他从椅子上站起来了，继续在工作，过着例行公事的生活。但在他的内心世界里，他仍然坐着，哪里也不想去，没有任何愿望，几乎什么也感觉不到，只是活着，感觉不到任何来自外部的支持。

当你一直朝着目标前行时，这种情况常常出现；当你达到目标时，你也感到了空虚。因此，成功的人为自己设定一个接一个的目标，不停地朝前走。

许多人担心，有一天他们将无法再次感受到生活带来的欣喜，他们在一段婚姻中的幸福已经结束，幸福不会在另一段婚姻中再次开始。但事实并非如此，一切迟早都会开始和结束。

渐渐地，冷漠发展成抑郁。这种状态与攻击性有关，一个人可能会做出对周围的人有攻击性的、完全不合时宜的反应并疏远他们。

治疗抑郁症唯一的药是爱。一切都很简单。但在哪里能得到爱？从亲人、孩子、朋友那里。整个世界都充满了爱，但你是否想接受它呢？或者你更喜欢折磨自己？

如果你陷入了抑郁，但你已下定决心摆脱它，你已经受够了，想过正常的生活，那么开始改变你感知生活的方式是很重要的。为此需要做什么呢？

你需要在一切中找到快乐。把电视频道从悲伤的新闻切换到卡通片吧。如果你患有带创伤后应激障碍的深度抑郁，药物对你没有帮助，那就报名加入集体治疗、心理训练或特殊的网络研讨会，在这些地方，你和有类似疾病的人一起，可以很容易地摆脱问题。

我总是建议我的患者整理他们的坏心情。我们是怎么做的呢？我们会给我们的心情取个名字，例如，别佳。别佳今天怒气冲冲，情绪不正常，是时候要让他表现得体了，因为他表现很差，欺负周围的每一个人，并且自己也委屈。嗯，好吧，别佳，你不能这样做。——通常整理到这里，笑声和欢乐会开始出现，毕竟同虚构的别佳或玛莎一起处理问题很容易，但自己同自己却很难。

最重要的是同这个"人物"告别，让自己的心情始终保持乐观。做到了这一点的话，你会很快达到预期的目标。

慢性疲劳综合征

慢性疲劳综合征是一种复杂的疾病，患者需要就医，甚至有时需要住院治疗。我们现在和你一起探讨这种疾病和孤独症状之间的联系。

是的，这种疾病确实是相当复杂的，很难诊断，而且往往只有通过综合指标的化验结果才能得出诊断结果。可以说，慢性疲劳综合征往往出现在那些满脑子消极脚本的人，以及从事大量的工作并感到非常疲劳的人身上。此外，这些人往往还是一个孤独的人。

一个人把很多东西扛到自己身上，并且觉得他总是想睡觉和休息，不想见到任何人。预防这种情况需要积极的情绪、适当的休息和充足的营养，但对其根本原因——孤独，预防措施是没有任何作用的。孤独感不会变得越来越弱，有时甚至相反。但我们不应该同孤独开战，而是可以接受它并让自己摆脱这种状态。

既要丢开那些关于孤独的想法，又要提升身体的活力，运动可以全面强化体质。我们说的不是把运动作为事业，哪怕你开始每天做做操、做瑜伽或跳舞，这就足够了。

如果你喜欢旅行，这是摆脱内心孤独和将你的闲暇时间多样化的一个好方法。你会很快学会在非常住地休息和放松，而不是在你觉得忧伤、寂寞，怎么都没能达到让自己满意的生活水平的住地。

徒步对于那些怎么都不能让自己充满活力地工作的人也是有益的。从表面来看，一个人怎么能在周身无力时做运动呢？如果甚至从床上下来都很难，还怎么能走路呢？但实践表明，在新鲜的空气中散步时的积极情绪甚至可以治愈内心最深的忧伤。大自然的美，当然会让你关注自己，你所看到的一切不可能不会让你感到愉悦。你要多站起来，多多散步，哪怕只是沿着你所在城市中不熟悉的街道。

重要的是永远不要停下来，这样，生活也将继续下去。

生命会在某个时刻结束、停止，但是，这有什么可怕的呢？这就是一个自然的过程。可怕的是，一个清楚地知道自己想从生活中得到什么的、大众眼中的成功人士，会去深思这个问题，但却完全没有足够的力量去迈出第一步。

情绪倦怠综合征

在疯狂的生活节奏中，一个人的灵感在日渐消失，并且开始对自己的生活和曾经引以为豪的一切逐渐失望，这并不奇怪。

工作不再令人愉快，似乎曾经充实的生活开始变得与其他人一样空虚、乏味。但这真的是这样吗？完全不是。这多半是一个人自己臆想出问题和困难，并为自己创造出不可逾越的障碍。

情绪倦怠综合征是一种疾病，它会导致一个人的身体产生病理变化，甚至导致死亡。引起的因素有：

* 过度承担责任；

* 超额工作；

* 缺乏充足的睡眠；

* 缺乏充分的休息；

* 缺乏道德上的支持、鼓励、认可。

这种综合征更多地出现在这些人身上：从事同人打交道的工作的人；经常同大量信息互动，加工这些信息并创造出新的、完美的东西的人。

对自己过高的要求会导致情况恶化。请尽量不要让工作成为你生活的目标，也不要期望你所做的每一件事都得到同事的认可。

如果你已经感觉到，自己在工作后的放松方面出现问题，或者创新的意愿甚至工作的意愿出现了问题，那么你应当努力用创造性的活动来充实自己。

你喜欢钓鱼吗？如果在钓鱼时，你感觉到自己在做一件重要的事情，感觉自己做得很好，那就勇敢地去做吧。如果你一直梦想着画画、唱歌，那么是时候让你的梦想成真了。

也要好好采用那些已经战胜这种状况的人的经验，听音频讲座和观看人们分享他们克服困难的视频。这可以帮助你把孤独感、把自己在职场不被需要的想法从你的生活中去掉。

如果你经商，那就去参加商业培训，用别人的成功激励自己，不要忘记每个成功的人都曾经跨越过障碍，克服过困难，经历过各种限制和他人的不信任。

尤里做的生意很稳定，他从事房地产行业多年，对自己的业务非常在行。当我们开始同他一起治疗时，他身上还没有任何会出现问题的预兆，当时他正处于成功的顶峰，并在欧洲开设了另一家分公司。

但后来，我不断地从他那里听到"我累了"这句话。他太累了，以至于完全不想做任何事情，只是把自己关在家里，不和任何人谈论任何事情，陷入自我沉思，不做任何决定，不急着去任何地方。

"为什么我需要这一切？"那些为了实现目标付出了大量的精力和信念的人经常会这样问，这是典型的犹豫和贬低自己成绩的表现。

值得注意的是，尤里在他的生活中经历了两次政府未履行财政义务的时期。他不害怕生意中出现问题，他只是再也不想做生意了。"离了我，如此巨大的金融机器应该也会正常运转。"尤里说。这表现出他强烈希望把负担从自己身上转移到别人身上。这也是情绪倦怠综合征的典型表现。

针对这个患者的情况，我们花了很长时间来选择康复的方法，最终决定让他做慈善。尤里以极大的热情走访孤儿院和医院。他遇到了失去父母照顾的孩子，赠送他们礼物，拥抱他们，并从中体验到了异常的快乐。他继续在做生意，但把年度利润的10%以自己的名义用于慈善事业。尤里知道，他挣得越多，他就能捐赠得越多。这让他受到了激励，正如那些世界级的领袖、明星和商人的经验与故事对人的激励一样。他的生意不只是赚钱，他有一个更高的目标——帮助那些需要帮助的人。

每个人都能为自己找到工作中最重要的目标。如果因为长期的繁忙，你不能把时间花在你的孩子和你自己身上，那么你可能很快就会考虑更换工作或改变工作方式。

这种情况并没有任何被指责的地方。如果你清楚地知道你的目标是什么，那么你生活中的任何事件都不是偶然的。如果现在的目标是摆脱内心的孤独状态，点燃工作或创造的欲望，那么你就应该做优先排列，让你在其中不仅有工作空间，而且也有休息空间。

惊恐发作

惊恐发作是一种复杂的疾病，很难确定其产生的根本原因。通常，干预性治疗只能缓解再发，无法彻底治愈病人。

在生命严重消耗期，令人抑制不住的痛苦时期，一个 人可能会把惊恐发作当成普通的神经兴奋现象。

我的很多患者在谈论惊恐发作时，虽有各种说法，但却统统是关于惊恐。他们称之为害怕、恐惧、压力、心脏病，但绝不是惊恐发作。其中一些人甚至做了全面体检，医生得出的结论是，他们有血管异常，需要住院接受治疗。但是，把一个患有惊恐发作的病人放在一个封闭的空间里只会恶化其病情。

哪种方法已经被证明可以很好地解决上述所有问题呢？压力管理，即对压力进行管理。

压力管理是指，是你在管理压力，而非你被压力所掌控，并且不给它今后影响你的生活的机会。

怎么进行压力管理？压力管理最早出现在一些大企业，是一种积极的工作方法。那时，企业管理者们用它来教导公司各个岗位上的员工迅速摆脱紧张的状态，同时对公司的企业意识也没有危害。

科学家们早就确定了，压力对许多孤独的人所遭受的惊恐发作的频率和复杂性有影响。人们甚至很长一段时间都没有意识到，在惊恐发作期间，束缚他们的恐惧是一种虚构的恐惧。在他们看来，这一过程无法控制。但实际上，对它进行控制不仅是可能的，也是必要的，否则它将吞噬你。现代压力管理的实质是教会任何一个人在对此有需要的时候，管理自己的压力、自己的情绪、自己的身体。

应该从哪里开始呢？应该从了解这一情况开始：对惊恐发作的控制不会马上就能成功见效。我建议你在每一次毫无原因的心跳加速时深呼吸，并把心脏跳动投射出来，想象一下它是如何开始跳动得更慢。因为当你害怕的时候，心率才会加快。

问题是，曾经遭受过一次惊恐发作的病人，总是会开始害怕它再次发作，不管有没有合适的理由，都容易产生恐慌。他们甚至害怕坐火车——如果突然发生了意外呢？他们开始担心发作本身，这也就导致了恶性循环。

结果一个人开始感觉到他的孤独，认为他永远无法摆脱它，恐慌会攻击他，而他在这种困境中将要完全独自面对这一切。

控制你的情绪、你的身体，认清状况，这些虽然只是迈向没有惊恐发作的生活小小的一步，但却是重要的一步。重要的是要做到什么呢？学会轻视恐惧。

这对于那些一直在照顾自己孩子的母亲来说是非常重要的，因为如果孩子从学校没有按时到家，她们就总是不知所措。是的，所有人都有许多的害怕和担心，但是没有达到惊恐发作的程度。在记忆丧失和背叛出现前不要害怕，因为害怕不能保证这些现象不会出现，相反，它只会促使对方去想这些事情。

> 叶琳娜从小就对惊恐发作不陌生。她非常害怕乘坐交通工具，这也让她的生活变得非常困难。让她坐地铁是根本不可能的事。她甚至都不能往地铁站里走几步，否则就会开始全身发抖，好像地铁的墙壁开始倒塌。她会双手变得麻木，心跳加快，甚至直接跌倒在地，不敢往前走。

当我询问她，如果她乘坐汽车或试图和亲人一起坐地铁时，这样的发作还是经常出现吗？叶琳娜说，会少一些，但不管怎样还是会发作。

原来，童年的叶琳娜在院子里骑自行车时被一辆车撞了。叶琳娜没有受重伤，但在她的潜意识里，乘坐交通工具，乃至只要遇到交通工具，都是非常危险的。

值得注意的是，女孩的父母对撞车事故的态度极大地影响了类似反应的形成。他们惊慌失措，大喊大叫，并完全禁止她骑自行车。他们没有向她解释，事实上这不是她的错，这是一次没有以悲剧结束的可怕的意外，没有告诫她以后不应该在院子里骑自行车，可以找到一个更安全的地方去骑车。

任何有惊恐发作的病人都应该明白，区分真正的恐惧和虚假的恐惧是非常重要的。叶琳娜在她同病相怜的老朋友陪同下，开始乘坐地铁和公共交通工具。在乘坐地铁之前，他们边聊天，边走了很长一段路。他们明确约定如果他们中的一个感觉不好时，会给彼此信号。当叶琳娜遭受惊恐发作时，他们会一起深呼吸。在排列优先事项时，他们共同意识到，他们实际上没有任何恐慌、恐惧的缘由。结伴进行治疗总是会有结果的，参加集体治疗也是如此。

第三章

我一个人，他也一个人

如果两个人都愿意在一起，孤独就不会伤害到他们。他们将成为伴侣、恋人和一个整体。

两个人的孤独

关系中的孤独感是现代社会中长期存在的问题之一。许多人似乎会产生这样的疑问：人们如何能既在一起，同时又经常感到内心的孤独，达不到完全理解自己和伴侣呢？

关系中的孤独感并非无中生有。它可能是由许多因素引起的：

* 伴侣间的情感不相容；

* 缺乏共同兴趣；

* 对"关系"概念的理解不同；

* 没有了解伴侣需求的意愿；

* 关系中的消极情绪；

* 在关系中积累的和对关系的不必要的恐惧、障碍和偏见。

关系中的情感不相容是这样一种情况——例如，女方属于外向情感心理类型，男方则属于内向的，或者恰恰与此相反，如女方内向而男方外向。其中的一方经常情绪激动、唠叨，深入参与到另一方的全部生活，试图在每一件事上表达自己的观点，同时也需要对方给予同样的关注和对待；另一方则比较稳重，比较谨慎于自己的言行，而且更多的时间是处于自我对话的状态。

这会导致什么情况呢？一方面，伴侣中的一方受到关心，他们的有些问题会引起另一方的兴趣。在女方未开始压制男性的意志，没有承担男性的角色之前，这样的关注可能是非常令人愉悦的。

当她还没有这样做的时候，男性对正在发生的事情感到很满意，但是，一旦女性开始让他摆脱所有的责任，他就会放松下来，越来越多地把他的问题和操心的事情转移给她。他会一直感到满意，这种状态让他心情愉快，并且越来越忘记了主动性，囿于自己的情绪中。

一切都令双方满意——直到女方开始意识到她只是在越来越大声地自言自语，越来越多地承担着属于男性的责任，也正因如此，她感到心绪不佳。最初内心出现焦虑，然后是冒出越来越多的问题：伴侣是否听见她说话？看得见她吗？还对她感兴趣吗？她完全引不起对方的兴趣吗？

通常，这种情况经常出现在一起生活了很长一段时间，或者至少过了三年的夫妇身上。继而，情况进一步发展为："我有另一半，但我总是一个人，所有的事情都是我自己在做。"

"所有事情都是我一个人在做。"这句话经常可以从我接诊的女性嘴里听到。

在接诊中我还经常听到："在他身上简直没有任何情绪的流露，他只说'嗯'，不做任何我要求的事情。"

"我不知道我为什么要保持这种关系，在我的朋友们那里每件事都是两个人一起做，男方给予女方关注。我哪里做得不对吗？"

首先希望你要注意的是，在任何情况下，即使你非常想改变一些事情，也不要自己承担全部过错。这两种情况之间有非常大的区别：一种是你实实在在做错了（比如打破了杯子），另一种是两个人同时参与的，并且两个人同样都应该对结果负责的情况（比如争吵、缺乏亲密关系和性）。

不要为每件事情负责——这是一种沉重的负担，它将轻易地把你压垮。

现在，我们非常清楚的是，为什么女性认为所有事情都落在她们的肩上，并且她们被忽视？这是因为问题确实出在她们身上。但该怎么办呢？如果不去把问题搞清楚，该如何来建设关系呢？

经营一段关系不应该带着深深的负罪感，而是要明确意识到，你们是伴侣，你们应该一起做每件事。

即使男方不回应你，也不意味着他听不见你说话，另外，他对此也有自己的看法。有时女性和男性对于同一场景的感知完全不同，可能对一方而言，某件事是一个巨大的损失，但对另一方来说，那只是一个新的机会。是的，如果你在多年共同的生活中没有学会预测自己丈夫的行为，明白他的行为方式，你就从未生活在关系中。

生活在关系中，就是不断地与你的伴侣互动，与他平等相处，比他更智慧，在他比你更擅长的事情上，听从他的意见。

一切非常简单直接，免去多余的情绪和言语，这是男性所喜欢的方式。也正是生活在一种关系中时，双方都不会长期经历孤独。它可能会闪现，并促使双方去交谈，推动双方的互动，增强双方的亲密感。在婚姻关系中，孤独从来都不会成为一种障碍，不会成为一种习惯，也不会主导这对伴侣的未来。

如果两个人都是孤独的，怎么谈得上是一对呢？

常有这样的情况：伴侣中的一方感到十分满意和很幸福，例如，男方喜欢他选择的对象；但同时，女方总是认为他不够关注和爱她，不理解她。他只是坐在旁边，做他自己的事情，只聊他感兴趣的话题。然而，这是委屈和感到孤独的理由吗？

如果你和伴侣之间没有什么共同之处，你既不想，也不能调整好亲密关系，那你需要明白，随着时间的推移，情况只会变得更糟。重要的是要意识到你是否在这段关系中迷失了自我。

在决定你另一半的命运之前，请回答以下几个简单的问题：

＊对方时常对你温柔吗？

＊他会听取你的意见吗？

＊如果你没有时间，你累了，你觉得很难过时，他会表现主动吗？

＊他会猜到你的愿望吗？

＊他会在睡觉时依偎着你吗？

＊他的声音里有温柔的语气吗？

如果对以上所有问题你的答案几乎都是肯定的，但要校正为"他很少这样做"，那么这些答案证明，你只注意到了关系的消极方面。如果你想要更多的温柔和拥抱，就不要总是等待你的伴侣给你发信息，你要迈出和解的第一步，而且要推着自己去和对方谈话。交谈可以在任何时候。如果你已经陷入男方非常生气，并且认为同你谈话只会得到负面结果的僵局，那么你要开始注意他的积极行动和他付出的努力。试着对他说声"谢谢"吧。

顺便问一下，你多久说一次这两个字？你或许会说："为了双方的关系大家都应该做同样的努力，为什么要说'谢谢'？"我的回答是：为了他仍然在关系中，并且仍然对这段关系有信心。

一个对一段关系没有信心的男人会从这段关系中离开。

到目前为止，你仍拥有恢复联系的所有机会，你所应做的，仅仅是给予你的伴侣他所需要的，即关注、关心和温柔的爱。无偿地，没有任何理由。

影响关系的其他因素有：

* 家庭准则；

* 自我教育；

* 性格；

* 生活经验；

* 气质。

这些因素都不可以排除。如果你知道，你的丈夫生长于一个男性是权威、是一家之主的家庭，就不要期待自己的伴侣会有明显的情感流露。他会沉默地、温柔地爱你。

不要把一段关系变成不断地找缺点，只为找到一个断绝关系的理由的游戏。

是的，我们不必一辈子都只生活在这段关系中，但是请你试着从男性的角度去看待事物。他可能总体上对你没有任何抱怨，除了对你时常的挑剔外。

　　你不需要去将就他，但你需要理解他的动机。正如实践表明的那样，许多人根本不希望这样。不管是女性还是男性，有时都觉得为了维持关系，他们已经做了非常多的事情，却仍然无法理解对方。有些人甚至认为，只有他们在为一段关系努力，而他们的伴侣什么都没有做。

　　　夫妇之间相互指责，这在我们这个时代不是什么新鲜事。每个人都以自己的方式，从自己的角度看待世界，每个人都想得到一定的关注。但这样不是就接近于自我中心主义了吗？

　　　安德烈和尤利亚在一起生活了将近七年。他们周期性地和好和分手，但完全谈不上有任何爱的"成长"阶段。双方完全满足彼此的性需求，但他们不能生活在一起。在一起几天后，又是争吵，又是打架，希望把对方撕成碎片，可再过几天后，又再次渴望在一起。

　　　看起来这就是一般的相互依赖关系。其实，并不是。伴侣中的双方在这个"联盟"中发展强大，有自己的收入、爱好，有付出的愿望。在这种情况下，却出现了令人费解的状况。那么这段关系到底出了什么问题？

　　两个孤独的深渊把双方吞没。只要在他们都没有开始恐惧、背叛、欺骗前，他们都会谨慎地对待对方，想相互帮助和建立一些新的东西。这种恐惧是关系中的孤独感产生的基础。每个人都知道对方能将事情做到什么程度，都觉得过去的事情已经不重要了，既然做了选择，就会非常渴望平和与安宁，希望彼此之间没有比对方更亲近的人。

　　深入挖掘后，我们得出结论：多年来，正是这些恐惧让相爱的两人彼此疏离。是的，就是互相爱着对方的两个人，因为他们温柔地评论对方，总会在描述伴侣的负面特征时把话锋转换到"只要他在旁边，感觉一切都那么的好"。

　　在开始进行治疗时，我们就已认定问题不是出现在他们的关系中，而是在他们对待生活的态度上。安德烈和尤利亚两人都不是出身于简单、普通的家庭，两个人都是自我中心主义者，性格都强硬。但同时，他们都明白这种关系是镜像的，每个人都会在伴侣身上看到他与生俱来的大量缺点。特别是当双方都赞同在一起时，他们会因双方不能相互理解而苦恼、难受，但同时，他们又真的很渴望一段关系。

　　"老人和金鱼"这个练习可以帮助解决这种情况。这是一种不同寻常的排列疗法。怎么进行呢？参与者可以有两个或者三个。这个练习也适用于有孩子的家庭。

　　第一件，也是最重要的事情是决定谁来扮演"老人"这个角色——应该由伴侣中在此时抱怨对方，满怀愤怒、仇恨和痛苦的一方来扮演。如果伴侣两个人都处于这种状态，依次进行练习是很重要的，先让控制情绪能力较弱的那一方来扮演。

　　然后，你们需要两把椅子和一面镜子，镜子最好是大一点，但又方便拿在手上的。夫妻在房间的中间相对坐着，两人旁边应该没有任何东西，并且伴侣之间没有身体接触。

　　扮演"金鱼"的一方把镜子放在腿上。练习的第一步是相互自我介绍。双方舒舒服服地坐着，互相看着对方。这个练习的一个重要前提是不要抑制情绪，把自己想象为就是"老人"和"金鱼"。

　　"金鱼"从左边举着镜子，同自己的脸平行。看着镜子，老人开始他的"独白"。就像看着水平面上一样，他看着镜子，对镜子中的自己讲述，是什么让他在这段关系中受到了如此的伤害，是什么没有给他心灵的平静，关系中出了什么问题。

　　"老人"可以大喊大叫、跺脚，但不能站起来，自己去找"金鱼"。他自己对自己诉说这一切，即使他说得不对，另一方也不应该干预他独白。

当一切都倾诉完，痛苦过后，"金鱼"放下镜子并加入对话："你需要什么，你想要什么？我会完成你的愿望。"通常在这一刻，"老人"会开始大声喊道："你不要总是把有的没的在我耳边唠叨，希望你对我们的生活感到满意！"

这是我们时代的不幸。女性一方面对于男性和他的私人空间非常积极主动，另一方面，对待自己却消极被动。

不同的伴侣之间，愿望或许会是完全不同的。但这些愿望不应该是压制意志的，不是羞辱伴侣的。你们可以许三个愿望，并且应该只能由"金鱼"来完成它们。

人们最常要求的是什么呢？是和朋友一起散步，找到新的爱好；在一起很长时间的夫妇则是要求和平与安宁。也有伴侣要求离婚、彻底断绝关系的情况——他再也忍受不了这段婚姻了。

是的，现在很多人心里都很憋闷。这是怎么回事，为什么要做这个会导致关系破裂的排列练习呢？这不是在引导关系破裂，而是把内心状态说出来，以此释放消极的东西。说出后的结果是你不仅可以听到真相，使双方关系变得亲密，还可以了解你的伴侣想要什么，你应该完成对方的愿望。

　　还应该记住——严格限定愿望实现的时间，这个期限不应超过一周。这样一来，伴侣中的一方不会等得厌倦了，另一方也不能借此逃避实现愿望。

　　如果伴侣双方在排列练习中开始争吵、对质，那就意味着他们彼此非常厌倦对方，以至于已经不想听对方的意见。在这种情况下，立即结束排列练习是很重要的。如果你还没有准备好完成你伴侣的愿望，就不要开始这个练习。如果你准备好了——你一定要经常使用这个方法。你应该会有兴趣听到你的伴侣对你的看法，以及他对你的感觉，但对此不应该生气或有什么特别的期待。练习的目的是解决夫妻双方的问题。如果每个人都只关注自己的内心，那么这意味着，在这种情况下你们需要先解决内心冲突，然后才是整理关系。

　　许多人可能会说，结束一段关系比继续关系、改善关系更容易。但是同样的情况不会在你的下一段关系中重演吗？你的言行举止会有变化吗？或许你想改变一切，但你不知道怎么做，关于这一点我们稍后再谈。

　　如果你们的关系中有明显的控制偏向，例如男方独断专横，你的意见对家庭幸福的影响很小，那么改善与伴侣的能量联系是很重要的。通常，女性在一段关系中感到孤独，只是因为双方的联系不是建立在同一的能量水平上，也就是说，你接收不到能量和爱，而是只在给予。

导致这种情况的原因可能有两种：（1）男方不给予任何回报，只是一直在接受你的付出；（2）男方在给予，但你不能接收到它。这是怎么回事？让我们一起把这个问题研究清楚。

我经常遇到这样的女性患者，她们在关系中一直"坐在替补长凳上"，而在这段关系中，男方却只是有时现身，让女方感到愉悦。就是这些"有时"让她在爱人到来前收拾打扮自己，在这样的时候感到快乐，感受到生活的滋味。其他的日子里，她过着一种不太幸福的生活，越来越多地回顾过去，并在过去中寻找自我。

这是一种奇怪的状态吗？几乎每个现在读这本书的人都有过这样的生活经历。这是一种不会带来任何益处的关系，但食之无味，弃之可惜。在这种关系中我们经常听到这样的说辞：

  * 也许有一天他会同我结婚；
  * 要知道很早很早我们就在一起了；
  * 他不知为何并没有抛弃我，他常回来的；
  * 他为了我把她抛弃了，这就是说，我是更好的；
  * 我们在一起的时候，我觉得我们是一家人。

只是这个"在一起"变得越来越少了。我们不是在谈论三角恋关系，我们稍后会谈到这种关系。我们现在谈论的是在这样的关系中男性选择了，并且又不想改变的行为方式的现象。多年来，他可能每逢周末都会过来送鲜花、礼物，为你做点什么，甚至把你介绍给朋友——仅此而已，你始终坐在"替补席"上。

为什么你不被视为"主力球员"？因为男士们同"主力球员"玩的是另一种游戏，他们会按另一种方式创建生活。坐在"替补席"上，你可能觉得舒服，没有什么让你觉得不快，男方也已经养成了对待你的习惯方式，你可能是他喜欢的人，但他更爱自由或他自己的母亲。

这种关系留给你的是什么？忍受孤独，或向前走，加入到"主力球员"的游戏中去，但那是别人生活中的游戏。那么如果你仍然需要保持这种关系，或者这样的关系不是你生活中第一次经历的，你又应该如何做？

记住一个简单事实：对于男性而言，那种度过之后他就会和你结婚的所谓"关系理智期"是不存在的。他要么也想结婚，要么一切照旧。

女性在这一刻会感受到什么？当他不在身旁时，她感到自己是被抛弃了。她没有经历过正常的、期待已久的共同生活。这里谈论的不是男性和你住在一起，但又不同你注册婚姻的那种关系——我们后面再谈这种关系。我们现在谈论的是那些安静地生活在他们的现实中，仅是偶尔进入到你的生活中的男性。你是在同他们一起建造自己的现实生活。为了防止男方某一刻突然想起他还有你时，你却不在原地等他，你放弃了出国旅行，放弃其他愉快的时光。

你或许会由此出现：

* 过度的焦虑；

* 不满足感；

* 冷漠；

* 体力衰弱；

* 不想考虑未来；

* 神经高度紧张，歇斯底里。

每位女性可能都有一套独特的自我折磨方式。是的，就是自我折磨。男性不会嘲弄你，因为他什么都没有承诺过。你自己在臆想，一厢情愿，自我安慰。或者他也承诺过，但没有说明期限。他说过"我要和你结婚"，但什么时候呢？这个问题对他来说是次要的。

在这种情况下，两人各自有自己牢不可破的舒适区。对男性而言，他只会在感到寂寞时到他爱的女人身边。事实上他不是不爱你，只是他还有他的个人生活，这是主要的，而和你一起休闲是次要的，更谈不上解决你的各种问题。

你同样有自己的舒适区——痛苦和折磨，他离开后的哭泣。你生活在不确定性中，虽然男方已经清楚地划定你们关系的界限。他不想向你解释任何事情和改变自己的意见，这就是让你心烦意乱的原因。你不能接受这种受人控制的状态，也不需要接受。

感到最糟糕的是那种女性：她们在一个分工明确、简单、普通的家庭中长大，母亲承担家务，而父亲一边帮助她，一边挣钱养家。这种关系的脚本对你来说是理想和公式化的。那么，为什么你会同意和一个不具有同样家庭观念的男性"玩游戏"呢？他会感觉不自在，但暂时他会假装他需要这样的生活，仅此而已。

但为了明白这一点，女性不得不逐一思考自己身上的大量的缺点，开始责备和惩罚自己，对自己和周围的人生气。这一切可以非常轻松地得到解决，只要你不再害怕关系结束后会出现一段时间的孤独感。然后，孤独将被一种新的关系，或者是有改变的同一段关系所取代。

许多人会犯如下致命的错误：

* 开始对质，问他为什么不送礼物，为什么很少过来，为什么不永远留下来；

* 开始和其他男性约会；

* 寻求女性朋友和周围关心你的人的支持；

* 一些人干脆不再打电话，拉黑他，然后又四处找同他见面的机会。

让我们分别看看每一种情况。如果男方是一个情感克制的人，那么他或许是内心认为你们的关系各方面都很好，既然你们就在一起，他也不用送礼物了。你可以主动同他谈谈这件事。他听到你的想法，一段时间后状况会有所改善，但是他绝不会按你的指令送礼物和完全同你一起生活。既然之前的一切都让他非常满意，那么任何改变都会引起你们之间的争吵，会使你更多地陷入孤独，而男方将加强他的主导地位。

同其他那些在关系中表现主动的男性约会并不能带来期望的结果。"以毒攻毒"的脚本在这里不起作用。

重要的是结束一段旅行，对它进行反思，并开始新的、不带偏见的、不再墨守成规的旅行。

你喜欢同女性朋友聚会畅聊吗？诉说男方如何让你感到厌烦，他给你的钱少得可怜，他很少关心你？在我们的时代会遇到这种类型的男性：他能给你很多钱，但不能和你生活在一起。他以此购买你的原谅，原谅他不在你身边。

当然，你的女性朋友会告诉你，你的男人错得离谱，他只是在作践你，你太不幸了，是时候结束这场噩梦了。但真正的朋友可能会告诉你，是你自己搞得一团糟，结果就得你自己承受。你应该要自己想清楚并停止痛苦。

"但是如何才能做得到呢？给我点建议！""这样会有结果吗？""我怎么能没有他，我还有谁可以等？"这些话语的出现频率很高。在改善一段关系的时候，女性经历着实实在在的压力。一旦想到关系结束，她们就会痛苦万分，即使她们相信，结束了的是她们这次扮演的角色，然后她们会重生，伴侣间的角色也会改变。

学会让自己从一段关系中走出来，这将给你机会，在另一个人那里找到新的关系。

放弃一段关系意味着什么？如果你突然在上述的情况中见到你自己，那么是时候进行优先排列并在这段关系中找到自我了。不要担心，因为你暂时没有改变这段关系中的任何东西，这样既不会让你痛不欲生，也不会压垮你的男人。

你需要一张白纸和红芯笔、绿芯笔各一枝。在纸上画一个两列的表格，在左边，用绿芯的笔写"我想要的"，在右边，用红芯的笔写"我得到的"。这张表格或许会是下面这样的：

我想要的	我得到的
爱	很少见面
相互回应的感情	空虚的感觉
一起度过节假日和周末	如果他不在身边，时常同女性朋友也可以一起度过时光
自己的衣柜里有他的东西	他的东西在，但人不在
共同的兴趣爱好	他对我想什么不感兴趣，而我不会同他一起去钓鱼
希望他能猜到我所想	如果暗示明显，他有时能猜到
希望每个清晨他亲吻我并和我一起喝咖啡	代替我被他亲吻的是谁？

　　这是一个排列的样板。你应该亲自找到自己的每一个答案，不是由我归纳，而应该是你自己去感受。你应该明白，你有多想要你在左边那一栏里写的东西。你是只想和这个人在一起，还是不过想有个人在一起生活，他是谁不重要？对你来说从这个男人那里得到这一切有多重要？男方也可以针对女方做同样的排列。

　　让你自己写出哪怕是最不现实的愿望，当你在感受它们时，你会明白你在哪里犯了错误，明白你的愿望中哪些是对男性来说不那么容易实现的。或者你会意识到，你内心的孤独不是你臆想的，一切都是真实存在的，你只是放任这样的关系使自己痛苦。你还能明白你是否得到了你真正需要的东西，有些东西你自己能得到，有些东西你能向对方请求，而他会给予你。

当你将完成这项任务时，划掉"我想要"这几个字，并在它们上面写"我允许！"；至于"我得到"那一栏，请直接把它们划掉并忘记它们。新的阶段也是新的机遇。人生怎么能离开新机遇？如果你允许自己改变对情况的看法，你将会得到你真正应该得到的东西。

应该容许自己拥有幸福和完整充实的关系——这是至关重要的！

是的，很多人可能会泪流满面，很多人可能会心烦意乱，对他们的生活感到失望，但也有人会回忆那个在上一段关系中的自己，并高兴地说道："我走出了困境。"你确实是走出来了，这是真的，你和你的伴侣都有了机会，因为任何提升自己的努力都不会对真正的关系产生负面影响，它只会为伴侣们打开大门，给他们通往幸福的新生活的通行证。

但如果你已经在一段关系中很长时间了，却怎么都不能把自己嫁出去，得不到期待的求婚，应该怎么办？你已经大喊大叫过，痛哭过，分过手，找过亲人帮忙，但男方只是提出再等等，虽然你们已经同居了。

是的，情况可能看起很奇怪，但准确点说，它是某种舒适区中心一种典型的情况，不成熟的男性常常陷入其中。他们可能永远走不进你所需要的婚礼中。不可思议的是，一旦你降低了你想结婚的热情，婚姻却往往不期而至。

女性在强求某种东西时，男性是能敏感觉察到的——如果这确实是她非常需要的。许多人只是出于原则和情感不成熟而拒绝。

请在你的脑海里画出一幅清晰的婚礼画面：穿着什么样的婚纱，你在如何微笑，邀请的客人是谁。画出来，唾弃并忘记这一切。放开这个形象，静静地生活下去。别忘了限制愿望的时间，不要被束缚在这种状况中，会出现好结果的。

如果你的男朋友突然开始谈论婚礼，不要害怕。许多人在此时会立即开始想起伴侣的所有缺点，怀疑这一决定，回避这一愿望。但你是想要结婚的。现在怎么办？当你被求婚时，你还没准备好，接下来该怎么办？如果你真的想要什么，就要为它的实现做好准备。

如果你的爱人将给你的不是豪华轿车和数百名客人，而只是两人一起注册登记，不要失望。这时你必须做优先排列。男方可能有情绪综合征，对他来说，一场盛大而华丽的婚礼是某种遥不可及的东西。

这些是让那个神圣的日子尽快来临的简单秘诀。但这些方法并不足以满足所有人的需要。有些女性，甚至男性也一样，首先要改变他们自己内心对孤独的态度，然后他们才能迈向自己的愿望。

网络中的孤独

现在许多的情侣是在网上诞生的——在各种约会网站上，在论坛上。互联网将各个国家和大陆联系在一起，让人们建立起远距离的交流、联系，成为彼此亲密的人。

但是，通常人们在网络上的自我定位与在实际生活中略有不同。情侣之间相互讲述的故事是远离现实的，年轻或单身女性常常落入陷阱，这可能会让她们付出失去内心的平静、安宁的生活和幸福的代价。

值得注意的是，若一个人，他不孤单，也不在网络上寻找什么，那么他会平静地对待网络中的调情：他可能会让类似的聊天继续，但很快就会停止浪费他的时间和精力。但是，如果一个人是孤独的，那么他会在网络中寻找新的情感和体验，因为在他的日常关系中没有这些东西。网络中的调情可能会变成爱情。是的，通过互联网约会的形式是完全合理的，许多夫妻通过这种方式建立家庭的。但是，如果你已经在关系中，为什么还要给某个第三者希望呢？

如果你的另一半在网络上积极地与某个人交流，甚至给那个人比你更多的关注，该如何应对？保持平静。别马上表现出你什么都知道了。

如果你拿得到聊天记录，你可以去分析它，判断出你的伴侣在与你的关系中感到不足的地方，他和网上的女孩在交流什么，然后去弥补在你和他的关系中这些差异。你可以表达你对聊天记录的看法。

如果你发现了女孩寄给你男朋友的亲密照片，不要去比较身材和外形。当你还能自己填补你们关系中的空白，还能弥补自己的不足时，如果你的伴侣有所需要，就应该给他身体和精神上的亲密感。

是的，有些男性在网上和女孩交流是为了自我肯定。他们喜欢他人对自己的关注，他们很乐意接受它，但他们不会跨出迈向更深入关系的那一步。在用与另一个女性的交流来填补内心的孤独后，他们很快就会抛开自己的迷恋，回到习惯的关系中，尽管他们其实能通过与你的交流来填补内心的孤独。

导致离婚的孤独

还有一个阶段的关系会导致伴侣内心的孤独，那就是离婚。但这远不是生活和幸福的终点。即使在非常稳定和开放的关系中也能听到离婚的声音，它出现在所有夫妇都经历过的危机时期。

但是，对一些人来说，离婚是从一段折磨自己的关系中解脱出来；而对另一些人来说，离婚却是走入虚无，是对早就存在的严重心理问题的加剧，是隔断与自己的情感联系。

你不应该害怕离婚，这样它反而不会很快出现。如果你自己不断地反复产生这些想法，脑子里面来回放映各种场景，反复寻思着："毫无疑问，就是这样的争吵将导致分手、离婚。""这就是表明我们早已不是一对了。"那可以说，你在感情上已经"离婚"了，你的一只脚已经踏进新生活——孤独的生活。你显然是在努力独自摧毁一切，孤独会吞噬你。可能与此同时，你会指责你的伴侣所有致命的罪过。但是，不要急于把你的问题和恐惧转移到另一个人身上，要关注你的另一半的需求，你会因此而得到回报的。

有时，那些之前双方都愿意分手的夫妻，在改善了内心的孤独状态后，突然全面改变了自己对婚姻的看法。他们开始重视作为社会最小组成单位的家庭，并给了自己的婚姻第二次机会。

　　如果伴侣之间已经明确了他们需要什么，如果对他们来说离婚是必需的，那么不要阻止他们的决定——离婚往往可能是双方走向新的未来的第一步。但如果这个决定未经深思熟虑，你们还不能承受它，那么双方应该开始考虑如何重新在一起。

　　奥尔加在很长时间里都不能摆脱她的丈夫。她试图以各种可能的方式逃离他，转换居住地，但他每次都能把她找回家，给她带来情感和身体上的痛苦，不让她离开他的压力范围，试图完全控制她。

　　即使离婚后，前夫也不让她安宁，他还对她拳脚相向。奇怪的是，即使离婚后，他们也发生了性关系。有一次，奥尔加怀孕了，得知消息后感到非常不安，因为她已经同前夫生过一个孩子。在没有离婚前，他就不仅打奥尔加，还打孩子。现在，这个女人明确做出了决定：她不想让第二个孩子受到同样的折磨。但是前夫很高兴听到他又要当父亲的消息，他不理解奥尔加不要孩子的决定，并且非常生气。在经历了不堪重负的状况后，这位女性才最终切断了与前夫的联系和交往。

正是对孤独的恐惧使她一次又一次地重复她与他的关系，即使在他们离婚后。

不要痛苦地拖延着，迟迟不去结束那些早该结束的事情，不要费心于那些不该劳神的事情。

第四章

我独自一人养育孩子

孤独的童年真的很危险。比成人有意识的生活中的孤独危险得多。

独自抚育一个孩子——这在今天不是什么新鲜事，似乎没有什么特别的，根本不是问题。但对处于这种情况的人来说，事情完全不是这样的。然而，孤独并不一定出现在养育者关系发生的阶段，或者在孩子刚出生的时候。

实际生活情况是各不相同的。对于那些以伟大的爱的名义，为了某个决定要孩子的人来说，情况尤为复杂，因为这完全不是一个明智的决定。

在我的工作中，遇到过一位女性患者，叫做伊琳娜，她在18岁时生下了自己的第一个孩子，而她的家人在听到她怀孕的消息时并不高兴。父亲带伊琳娜去妇科诊所堕胎，甚至没有问她是否愿意，只是借口要对孕妇进行早期的检查。但她最终还是把孩子生了下来。这个孩子现在已经成年，是个好孩子，而当年的亲外公把自己的女儿带去的目的，是让她放弃这个孩子，因为他似乎影响了那时候的她的生活。

事实上，伊琳娜没有受到任何影响。她完全有意识地想成为一名母亲，并且已经清楚地知道，她能够通过函授的方式完成她的大学学业，找一份兼职工作，并安排好自己的生活。有好朋友们在帮助她，即便孩子的父亲不接听她的电话，还直接告诉他身边的每个人，说她欺骗了他，但那又能怎么样呢？

正如伊琳娜所描述的那样，在她看来，在那个神奇的阶段没有什么可怕的。为了避免被父母逼着去堕胎，她带着自己的东西，搬到了她最好的女性朋友那里。她回忆起她不得不到处去找兼职工作，她自己的母亲甚至不想听到任何关于这个家里唯一的女儿的事情。

这种痛苦是否深深地刻在了伊琳娜心里呢？毫无疑问，是的。尤其是每天在精神上支持她、给予她帮助的是外人，几乎是不相关的人。然而，整个事情的结局是：生下孩子后，伊琳娜回到了她的父母身边，她的父母当时已经接受了这件事，甚至很高兴孙子的到来。这个男孩成了他们的一切，是外婆最爱的人，离开了他，外婆简直就活不下去了。

生活中的这种情况只是表明，人具有改变自己意见的特性，如果你确实决定了要孩子，那就得做好成长的准备，承担责任，让自己的生活充实圆满。

伊琳娜带着她不能原谅她母亲的问题来找我。她的个人生活很成功。她有丈夫，另外还有一个孩子，有一份好工作，同事也很尊重她。但她同母亲的关系发展不顺利。母亲一直在质疑伊琳娜的能力。情况经常变得很糟糕，如果伊琳娜坚持自己的观点，母亲甚至会扑过去打她。然而每当这种时候，父亲却仅仅在一边旁观。

来我处就诊时，伊琳娜已经有一段时间没有和她母亲说话了。我问她："你不能接受你母亲的哪些方面？你为什么生气？"原来，她不能接受母亲因她的怀孕对她——这个自己亲生的孩子所做的一切。

但我们有权指责她吗？也许，为了不给家里多增加"一张嘴"的负担，母亲自己做过堕胎手术？事实如此！原来伊琳娜本可以有一个弟弟或妹妹的。那么，你能从一个在生活中做出过这样的选择，并且认为其实这样没有任何问题的女人那里得到什么呢？理解？

后来伊琳娜理解了母亲，但她怎么都不能接受她的母亲，而这种不能接受会造成内心的孤独，与社会隔绝，与家庭隔绝。许多人不能接受他们所爱的人的行为，比如伊琳娜这件事，如果人们以自己的立场去看待，那么他们将不能理解，她怎么可以放弃自己孩子。

　　许多人很难接受一个父亲或母亲可以丢下自己的孩子和不教育孩子，但我们有谴责的权利吗？谴责并不会让事情变得更容易，况且事情的目的也远不是去证明谁对谁错。

　　此时我们最好是去思考：谁是孤独的？一个失去了全面关怀和照顾的孩子，还是一个可以很容易找到另一个男人的母亲？这是个反问句吗？绝不是。事实上，小孩子在任何年龄阶段都无自我防护能力的，而且如果他从出生起就不知道父母中的某一方，他就不会记住他或她，而且非常容易将亲生父母外的其他人当成父亲或母亲。如果孩子清楚地记得自己的父亲，那么他就会想念他，从而让他自己和他母亲伤心。女性通常都无法忍受这种情况，她们身上经常发生神经崩溃的现象。

　　现在离婚对大多数人而言早已成为普遍现象，没有人再反对第二次或第三次婚姻了，这是每个人选择的自由。一方面，这是正确的；但另一方面，这也导致了人们对伴侣的选择不再那么慎重和负责任。

　　当化学效应起作用时，用头脑思考并不总是能成功。人们开始为彼此疯狂，并认为这就是真正的、真诚的爱情。事实上，这是一种幻觉，一种疯狂的欲望，在它之后并不总是有一段漫长而幸福的生活。在这样的欲望、梦想和对白马王子的憧憬进入高潮时，戴着粉红色眼镜生活的女孩们决定生一个孩子——就算是为了爱情。

那些为自己要孩子的人（刚刚超过30岁的女性中这类人占大多数），会更理智地对待这个问题。她们往往会准确地计算她们的开销，并在孩子出生后很快出去工作，把孩子留给保姆或亲戚照顾。

她们不太容易陷入内心孤独，因为她们有自己的小家庭——孩子，有时甚至是几个孩子。对这些女性来说，建立自己的生活要容易得多。她们从积极的生活立场看待正在发生的一切，不允许任何人对她们的选择发表评论。

这样的女性不会独身很久，很快会有众多男性追求她们。是的，这些男性中的一些人更像失去母亲的男孩，有些甚至没有足够的收入。但最有趣的是，这些男性不仅被这个女性吸引，而且会被她的孩子吸引。

在你独自抚养一个孩子时，如果你想成功把自己嫁出去，你要找的不仅是能做你丈夫的人，而且是能成为你孩子父亲的人。

正是那个真诚地、全心全意地接近你孩子的那个人，才会成为你的好丈夫，即使是事实婚姻中的丈夫。他对孩子的细心关怀会融化你的心。

当然，如果那个提出同你建立亲密关系的人，不是出于爱，那就不要选择他。仔细分辨，因为这位男性应该也是让你有好感的。

　　阿尔苏在20岁时生了一个女儿。在这个年龄生育孩子也算正常，但她觉得自己不过一天之间就变成了一个成年人，一个成熟的女人。小女孩的父亲在女儿还是个婴儿的时候就抛弃了她。阿尔苏怎么都无法开始一段新的关系。她等待过，折磨过自己，痛哭过，请求过上帝为这个家给她一个不再离开的伴侣，终止这孤独的折磨。

　　一年后，在她的生活中出现了一个让人非常愉快的追求者——伊戈尔。他们认识了很久，但此前从未想过一起生活。伊戈尔喜欢和阿尔苏带着她的女儿一起散步，给孩子荡秋千，和她玩躲猫猫，把她抱在怀里。阿尔苏不明白为什么伊戈尔常来找她们。难道他喜欢把时间花费在别人的孩子身上吗？

　　但慢慢地，伊戈尔开始留下来吃晚饭，然后是一起吃早餐。阿尔苏起初并没有爱上他，但她感受到了关心和支持。有伊戈尔在旁边，她渐渐变得非常安心。

　　一年半后，伊戈尔和阿尔苏结婚了。最有趣的

是，伊戈尔没有渴求与阿尔苏生育共同的孩子，因为他
"已经有了一个女儿"。可见，阿尔苏做了一件非常正
确的事情——在关系的初期她没有把男人推开，接受了
他的关心，也缓解了自己的压力。

然而，对许多人来说，单亲的妈妈或爸爸的角色很适合
他们。这个角色可以让他们去痛苦，怜悯自己，再痛苦，找
到一百个借口，不改变生活中的任何东西，或者依靠别人才
去改变。

是的，当一个女人因抚养孩子而陷入经济上的困境时，
情况往往非常复杂，一个人毕竟要难得多！但是现在，我们
很容易就能在社交网站上找到愿意帮助单亲父母或收养孩子
的家庭。这些网站聘请了许多家庭心理学家和社会教育工作
者，他们在提供专业的心理帮助。得益于此，单亲父母能感
到自己不是孤独的，并有足够的精神力量抚养一个健康合格
的孩子。

我用的词是"单亲父母"，不是"单亲母亲"，因为独
自抚养孩子的男性并不是屈指可数。引起这种现象的原因有
很多。

在我的生活中有这样一段经历：我当时怀着我的第一个孩子，我的一对夫妻朋友也在期待着他们的女儿的降生，但预产期比我的晚一个月。

实际情况是朋友的孩子伊娃早产了两个月。小女孩在医院里接受了几个月的重症监护。最后，她的亲生母亲抛弃了她，拒绝了她，尽管这位母亲是一个虔诚的教徒。她害怕她的女儿带着"缺陷"长大。

情况确实如此。小女孩被诊断出患有令人忧心的病症——自闭症。婴儿的身体发育在正常范围内，但无法与周围世界建立联系。我记得我的朋友，孩子的父亲，因为这个可怕的消息，只沮丧了几天。他留下来把伊娃抱在怀里时，自己也才19岁。他很害怕，但他知道孩子需要一个家庭。

这是令我赞叹的故事之一，因为它表明，人具有真正的意志力。是的，在通往成功的路上，一个人可以数百次停下来，哭泣，请求上帝帮助结束痛苦，但同时继续和新的一天一起，起床并生活下去。

现在，伊娃15岁了。她是一个美丽的女孩，有着独特的才能。在莫斯科接受了艺术教育后，她在美国生

活，从事绘画工作。伊娃早就有了新妈妈，有一个弟弟和
自己完整的生活。这个家什么都不缺。孩子的病仍然存
在，但给了伊娃新的机会。我的朋友也非常高兴他当时没
有把孩子送去寄宿学校，尽管许多人坚持这是更好的选择。

社会给我们贴上了数百个标签，诸如"离婚妇女""被
抛弃的人"。是的，有些女性几乎一辈子都是孤身一人，她
们很难找到另一半，更何况那些还带着孩子的人？她们是否
根本不可能建立自己的生活？

一切都是可能的，关键是要知道你想要什么。有这样
一则案例：我同事的儿子同一个有三个孩子的女人结婚了。
这让他的家人非常震惊，因为他已经很久没有和任何女性住
在一起了，也没有孩子。突然一下——他有了三个孩子。他
爱家庭中的每个人。他的母亲，我的这位同事，是一名小学
老师，一个保守女性，她无法接受这件事情。她痛哭，恳求
她的儿子不要这样做，想想他的未来，他不可能"喂养四张
嘴啊？替妈妈想想吧"。她把他养大，给他最好的东西，突
然……他为什么要抚养别人的孩子？这是很多人熟悉的婆媳
故事……

当人们彼此相爱时，他们的孩子们就会变成"亲生"的和被爱着的。

现在，这对夫妇在一起大概有八年左右了。而我的同事，在焦虑不安约一年后，开始炫耀她的三个出色的孙子。事实上，她早就梦想她的儿子有很多孩子，但她感觉他不适应这样的生活，她不相信他能为这么多孩子承担责任。现在，她为她的儿子感到骄傲，不允许任何人对他的选择说三道四。她并不是一下就走到这一步，但她适应了，接受了，感受到了，并且爱上了。最重要的是，她意识到三个孩子得到了一个父亲，所有人都变得幸福。这是非常重要的。

你可以说，这样的事情只是发生在童话故事中，非常罕见，"有人会幸运，但不是我，我运气差"。但你也可以从中得到启发并开始新生活，从而给孩子一个拥有完整家庭的机会。

如果单亲父母在精神上将新的关系拒之门外，在精神上剥夺了寻找自己另一半的权利，那么他也剥夺了他的孩子拥有一个完整的家庭的权利。为了防止这种情况发生，我们最好让自己清楚地知道，事实上，来自于"如何正确和如何不正确"系列中所有有争议的问题都是人们自己臆想出来的。如果两个人相爱，他们为什么不生个孩子并养育他呢？如果两个人相爱，为什么他们不用爱和关怀去养育一个已经出生的孩子呢？

今天，在世界上许多国家，小学教科书中使用的词汇是"亲人"而不是"妈妈"和"爸爸"。这又一次强调了这个问题出现在全世界的规模性。家庭制度被摧毁，而且那种与同一个女人生活多年，没有背叛过她的男性被看成"不是当今世界的人"。人们暗示他，一切都是为了家庭——这就是所谓的"妻管严"。显然，一个成熟理智的男性不会在意这些说法，但是一个没有一定生活经验的年轻、热情的男性可能会害怕责任，并开始在其他关系中寻找自我，即使在有了孩子之后。

统计数字并不令人安慰，许多婚姻在孩子刚出生时就破裂了。父母中的一方独自养育孩子，而另一方甚至可能不提供经济帮助。社会舆论可能站在抛弃了家庭的男性那一边，他或许因为受不了总是唠叨埋怨的妻子，在这个关系中没有得到认可，所以离开去找新的关系。但是孩子对他做了什么呢？

什么都没有。他还没来得及做什么。最有趣的是，据统计，大多数在不完整但富裕的家庭中成长的儿童拥有偏高的社会责任感和全面增强的职责感。这些孩子想方设法努力在自己未来的生活中避免家庭不完整的情况，且他们往往成功了。

当我分析大量的家庭因为这样或那样的原因不能有孩子，或者他们的孩子已经不在了的情况时，我清楚意识到，一个独自抚养孩子的单亲父母，他们感到孤独，是多么的错误。毕竟，他肯定永远不会是独自一人。准确点说，在他们身上起作用的是对没有回报的感情的遗憾和痛苦，和对新的有困难的生活的恐惧。

许多女性抱怨说，一个人很难养活一个孩子，工资少，问题多。不是所有离开家庭的男性都能成为模范顾家的男人。和这样一个男人结婚的女性不仅要照顾孩子，而且要取悦她的丈夫。她想把所有人扛在自己身上，而做到这一点困难何其之多。

有一次我外婆告诉我说："上帝已经把孩子给了你，上帝也将给孩子他需要的一切。"这是村里人常说的一句话。她相信这句谚语，而且在经过战争年代后，她明确知道了这句话的含义。人们一直在生养孩子，但战争把男人、儿子带走了，也带走了女人，战后，很难找到一个父母双全的家庭。

但即便残缺，家庭也是和睦的，当时留下来的妇女有时不只带着一个孩子，而是十几个孩子。很多年过去了，但单亲家庭对我们今天的社会来说依然不是什么新闻。可以谅解那些在战争中英勇牺牲的父亲们，但也不能为那些有很多妻子和情人的"我们时代的英雄"去找借口。

当一个女性担负着自己和孩子的命运时，她就不再感到孤独了。

至于那些陈词滥调，就不要去在意了。最重要的是不要在日常忙碌中迷失自我，并且要清楚地知道：你配得上拥有完整的人生，你不需要证明你和你的孩子是合格的社会成员。现在几乎没有人嘲笑那些有非亲生爸爸的孩子。那么孤独从何而来？

孩子对爱会有回应，如果他们被爱着，他们会回应同等的爱。因此，不要惊慌，不要臆想问题，只有当你自己臆想出自己的孤独，它才开始和你生活在一起。也许你常常哭泣，并且问周围的人，为什么这些事情就会发生在你身上，为什么只有你处于困境？

如今，有很多励志的书籍，它们能帮你振作起来，教会你如何生活，可如果仅仅是希望自己的孩子既被妈妈又被爸爸拥抱，你难道也需要靠这些书吗？但是，你最好努力让自己平静下来，因为前面等着你的只是一个言论的漩涡，诸如"一切都失去了""一切都是徒劳的""这个永远不会结束"。

你需要正确地激励自己，明白你想要什么。你只想拥有一个心爱的男人，并愿意接受他本来的样子？还是想要一个来自童话里公式化的、理想的伴侣和漫长的幸福生活，然后在某一天离开人世？

最难回答这个问题的是那些多次掉入孤独陷阱，并且养育着来自不同婚姻的孩子的女性。她们独自抚养着孩子。这里自动含有一个失败的公式，女性开始害怕在她身上可能发生的一切事情，甚至害怕在街上和男性说几句话。

我在工作中遇到过很多这样的女性，她们投入地谈论着男人是多么卑鄙，因为只要让一个新的男性进入她们的生活，她们就会被背叛、被排斥，她们也会因为又一次背叛在长夜里痛苦。

这些女性的朋友、同事和亲戚，大都支持负面因素出自男性这边的观点。我不能同意他们的观点，因为我相信，男性很难同这样的女性建立关系，因为对于她们而言，他们在某个地方已经犯了错误，他们已经有罪了，应该受到惩罚。

在这种情况下，对孤独的恐惧和来自孤独的痛苦会成为很难摆脱的枷锁。想象一下：几年前抱着孩子的你被抛弃了，你的处境非常复杂，你的生活痛苦而又艰难。突然有一位男性进入了你的生活，他至少不会让你的生活复杂化，同时还愿意在你身旁并给你一个肩膀。这里我们还没有说到婚姻，只是一段温暖的关系。他有什么错？错在另一个人对你不诚实吗？

他知道这一点并想帮助你。他想帮忙，但不是以你想要的方式，对吗？如果你不喜欢他，就放手吧。会有另一个人出现的。改变主意了？仔细再看看？比你朋友的男友好吗？孩子喜欢他吗？孩子很喜欢吗？好吧，那么，还有什么疑问呢？生活只是通过这些关系向你展示你的弱点。这意味着你没有熬过失去的痛苦，而是还停留在过去，输给了那些大胆而积极地前进的人。

通常女性不会让她的前夫进入她的生活，这是因为她自己没有安排好个人生活，而他却安排好了。女性有时会报复前夫，阻止父亲和孩子见面，试图以各种方式证明男人会给孩子带来伤害，会错误地教育孩子，虽然事实上，因为孤独，女性非常痛苦、委屈。

这种情况下，孩子会首先感到痛苦。他们成为了报复的工具。其实一位母亲完全可以让她的前夫照顾他们共同的孩子，并在这段时间里操心自己的个人生活。何必为了一场无谓的对抗而尽一切努力呢？这样对女性和孩子都没有好处，生活中的孤独不会变得更少，它会变得更多，正如误解和不认可一样。

第五章

三角恋关系中的孤独

在爱情关系中，不可能有观众。平等地爱两个人是不可能的。

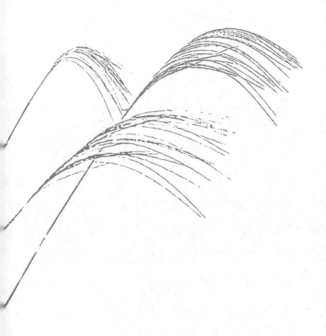

生命几何学是一件非常复杂的事情。有时，即使我们的家庭生活是一个已知的等式，也仍然无可避免地遇到非常复杂、无法解决的情况。各种恋爱"几何图形"对我们来说并不是新鲜事。有时，人们之间的关系不仅是三角形的，还可能是完整的正方形的，甚至更复杂的形状——如果有很多前任时不时出现在生活中的话。

是的，女性也出轨，而且她们在其中获得精神上深深的满足。她们像花一样盛开，变得不那么唠叨，甚至开始珍惜自己的丈夫。

这似乎是一个悖论？绝对不是。很多女性的背叛正是因为她们爱自己的丈夫，自己的男人，但她们感觉不到对方爱的回应。此时，她们对成为被爱的人、为了某个人变得美丽、成为他需要的人的强烈愿望占了上风。

孤独每天都在把成千上万的人推向背叛。这里我不是在谈论那些有某些精神障碍的人，他们根本不能和同一个伴侣相处很长时间。我们在谈论与标准的、普通的家庭相关的情况，并且我们知道，有时背叛是拯救家庭的一种方式。

怎么会这样呢？让我们从日常生活的角度来看看这种情况。毫无疑问，人成长在各种关系中。人们会成长、改变和修改他们的优先事项和生活目标。如果你想成为一个博客撰稿人、议长、超级妈妈或经营自己的频道，但你的丈夫不接受、不关心、不同意——这会影响你的选择吗？事实上，不会。你将达到你的目标，但你会同那些接受新的你的人走得更近。对男性也是同样的情况。他认为自己是个聪明和成功的人，他在工作中受到赞赏，但你总嫌他挣钱少，你们不断要还贷款，而且你不但没有激励他，甚至还让他感到压抑。他会去哪里获取那份能量和性？找朋友吗？在朋友那里显然是不能获取到性能量的。

女性往往不明白，为什么男人在吵架的那天总是拒绝同她们做爱、亲密。他们是在报复吗？你可以这样认为。他们需要更长的时间从争吵中走出来。在你损害了他的尊严，在对质时把他们推开后，他们很难做到想要你。男人在消耗能量后会去睡觉。

有些人可能直接沉默不语几个星期，不管是女性，还是男性。这样是不对的，但他们天生的性情和习惯就是这样，很难刻意去改变。那么怎么办呢？不应该去追究是什么让他或她去找别人吗？只能毫无怨言地容忍？

不是的。不要去追究关系中那些小事。如果这是一个日常生活中的问题，就不要上升到人身攻击。应该表现出有些问题在让你不安，而不是一开始就指出100%是男方错了，什么都改变不了他。

如果你珍惜这段关系，请你去解决问题，而不是把没有天天收到鲜花、没有听到对方爱的表白夸大到灾难般的程度。

我们每个人都时常会觉得孤独，而在女性身上出现的空虚的感觉、不舒适的感觉可能是内分泌变化引起的。尽管令人懊恼，但事实是男性不会同情女性，他们按逻辑推理来判断事情：生病了，去吃药；累了，去休息；你想哭就哭吧。

但要知道，这些情绪表现对一些女性来说是日常的现象。时而一切都很好，时而——或许只是过两天——一切都糟糕透了。这时候不能关注表面的情绪变化，你应该搞清楚，你真的感到孤独吗？还是你需要志同道合的人，需要有人来倾听你，理解你？你想要热闹的舞台还是和一个可靠和喜欢的人一起过安静平和的生活？

女性能在很大程度上影响婚姻、恋爱关系的稳定性。我的一位患者举了一个很有说服力的例子。

> 我一直喜欢音乐和舞蹈。我喜欢在俱乐部跳舞，因为我知道如何做得漂亮和有吸引力。人们好奇地看着我，这也让我喜欢。现在每个周末我都找出时间和机会

去唱卡拉OK或去某个地方跳舞。我现任丈夫赞同我的爱好，甚至有时会在家里和我跳舞。

但同第一个丈夫在一起时不是这样的。我非常希望得到他人的关注，而他禁止我"在家里制造噪音"。我们哪里都不去，周末都在宁静中过去。他与人交谈，但缺乏热情。当我开始和我的女性朋友们一起哈哈大笑时，他会很生气，说我的心情永远大起大落。我也不知道我想要什么。

他离开我去找了一个简单的女人，他可以指挥她。她是可预测的，她出现在我们还在一起的时候。但直到现在我才明白，在某些方面，他是对的，我那时不知道我想要什么，没有爱好，情绪变化很大，时常热切地想做点什么，可过一会就放弃了，不能坚持自己的决定。

是的，可以说，幸好，他离开了，要不女主角仍然找不到自我。但一切也有可能完全不是这样的，不是那么美好的。如果这个女主角仍管理不好她的情绪和感情，也不明白她是谁、想要什么，那么之后的第二次婚姻也将以失败告终，并且可能会使她出现内心恐惧，害怕在这段关系中重复了那些消极的脚本。

　　什么是消极的脚本？这是我在上一本书中探讨的病态关系的形式之一。这意味着你被困在同一个脚本中，而且不断地感到孤独。你也想摆脱它，了解它的原因和后果，但你没有成功，于是进入恶性循环。你感到孤独，你在关系中去寻找解困的方法，但没有成功，所以你开始在另一个人身上寻找释放和情感补充。你进入了一段新的关系，而没有割断旧的关系。

　　于是就形成了经典的三角恋关系：

　　＊我爱我的丈夫，我怎么能抛弃他？我们在一起经历了那么多事；

　　＊我对我的妻子很忠诚，她相信我，我怎么可以抛弃她呢；

　　＊我们有孩子；

　　＊能怎么样呢，情人，这很快会消失的；

　　＊我这个年龄还能找到谁，谁会需要我；

　　＊情人不是妻子，她不会忍耐。

　　继续并行关系可以有很多理由。当一段关系中形成了四角关系，当一个男人和一个女人从其他关系中跑向对方时，情况就变得更加复杂了，当中的每个人都是在用逃跑的方式自救，回避孤独，但更糟糕的是，如果其中一个情人爱上了对方，那么灾难会发生。据统计，大多数浪漫并不以严肃的关系和组建家庭结束，也就是说，在爱情的四角形中，悲剧可能同时发生在四个人，甚至更多人的生活中，如果一对夫妻有孩子，那么整个家庭都将被卷入这个游戏中。

为什么是"在游戏中"？因为和情人一起扮演角色更容易。你的丈夫或妻子很了解你，你对任何事件的反应他们一下就能明白，甚至在你伤心或委屈时，他们也没有任何反应，只会微笑着等待，等你自己解决好一切。

但这不是一个容易的决定。你可能想在另一个人的怀里继续这个游戏，因为在那里你可以找到想要的关注、亲密的关系、柔情、激情以及某种脚本。

关于脚本，让我们单独谈谈。许多夫妇把他们的日常生活变成恐怖片，正是因为他们接受了某种脚本。他们一天又一天地在自己身上持续尝试一些他们可能不喜欢的角色、可能性和规则，例如，做爱只能在孩子睡觉后，和妻子有心情的时候，而丈夫现在就想要，并且带着这个想法已经三天了。

谁会不感激你给他生了孩子？丈夫。谁不理解你的问题？丈夫。而他不会想到你的问题，他想的是和你亲密，想放松，于是在这个时刻你的心情转变为委屈。你不去找妥协方式，不想接受男人的观点。你立刻想到的是：做什么爱，旁边有孩子，工作一天后还有什么浪漫可言？

但一两年前，这一切对你来说是正常的事。这个男人选择的正是这样的你：毫不困难地用微笑来面对一切，即使所有的事情都很复杂；会打扮精致，高兴地迎接他；只是想拥抱他，吻他；旁若无人地哈哈大笑。

你现在没有时间精力做这些了吗？会有另一个人来做这些。

如果你没有时间同你丈夫做爱，对他温柔，那么另一个女人就会很乐意为他做这一切。

如果你不关心妻子的兴趣，并且只把她看作一个家庭妇女，另一个人会很高兴地把她看作一个温柔而热情的伴侣。

是的，背叛并非随时随地发生在任何人身上，这是事实。许多人对已经发生的背叛持容忍的态度，并在别的地方找到了自我。他们不再对伴侣有要求和期待。但这样的关系不能被视为有效的，两人之间早已不是恋爱、婚姻关系了，所以这种关系中的每个人都感到孤独。

如果父母之间的关系是这种情况，那么他们的孩子是带着"孤独病毒"在长大。他们感觉不到自己的父母专门花时间照顾自己，看不到父母对自己的关注，并且习惯于把自己放在远远的地方，跟在别人的背后前行。孤独成为一个遗传程序，纠正它不得不需要几代后人。

常有这样的情况：两人间的关系在背叛发生后变得几乎完美——当背叛的那个人终于明白他有多在乎另一半时，就会发生这种情况。反过来，他的伴侣也在积极全面地审视自己对生活的态度。

例如，你生完孩子后，不再留意自己的外表。你常常很累，体重也增加了，有很多家务事，孩子总是要这要那，你没有时间和精力分给丈夫。怎么办？不要制造莫须有的问题。不要把你的性能量消化在日常的体力劳动中。

情绪能量也可能会不足。你一直在工作，处于神经紧张状态，哪里还谈得上什么能量？如果你一直都很忙，能量怎么可能够用呢？如果你一直感觉不好，你就会更深地陷入内心的孤独和平庸无味的生活中。

有很多遭遇了背叛的女性在网络中抱怨，诉说痛苦，竭力挑剔那个第三者，指出她们没有在哪方面比自己更好。关于妻子把她的一生都放在丈夫身上，而丈夫却不感激这个话题有很多说法。

造成这种状况的原因有两种：要么一开始同女方一起生活的就是一个情感和道德上不成熟的男人；要么她生活在自己的世界里，而男方也生活在他自己的世界里，而当她必须要认识到这一真相时，她还没有准备好面对它。

　　但是三角恋关系中的孤独现象的实质是什么？没有人能从中受益。除了个别的情况：当男方爱上了他的情人，而她也爱上了他；或者当女方爱上了她的情人——哪怕她的行为还在受道德和伦理原则的制约。

　　在其他情况下，三个人同时都是孤独的。虽然人们通常认为，三角恋中男性处于有利、方便的地位，但一个意识清楚的男人迟早会同时排斥两个女人，因为三角恋游戏不会一直给他带来满足。而他要么会继续寻找一个完全满足他的女人，要么他会回家，回到他的妻子那里去，她早就接受了他的"唯一性"。

　　双方之中有人背叛之后，两人还可能继续一起生活吗？尤其是在背叛者已经公开了他的背叛之后？

　　答案不言而喻：有继续的必要吗？

　　阿尔比娜是一位优雅的女性，成日忙于工作。她经常忘记家务，因为她总是全神贯注地工作。她甚至逢年过节都不在家。

　　这种情况最初让丈夫感到满意，因为他可以从事自己的事业。但很快他就开始想念来自女方的关爱和温柔。他缺乏普通的日常生活。这就是他背叛的原因。

他给自己找了一个普普通通、性格文静、甚至无趣的情人，她非常宠爱他，愿意为他吹走身上的灰尘。然而，在这段故事中还有一个"但是"：这个男人爱他的妻子，他只是和另一个女人过日常生活，这是他所缺乏的。

阿尔比娜不是一个天真的人，她很快明白，她丈夫不可能自己把衬衣熨得这样平平整整，尽管他一直在家过夜。"你的情人是个非常聪明的女人。她没有留下口红印，她给我展示了你缺失什么东西。"阿尔比娜对她丈夫说。她是对的。

这对夫妇，像许多其他夫妇一样，问题都解决后，家庭得到了拯救。为了维护婚姻，妻子做出了让步。她承认，她孤独极了，忙乱的工作让她疲惫不堪，缺乏支持。

丈夫也承认他渴望那种像在妈妈身边一样令人舒适的日常家庭生活，他愿意为此付出一切。

　　阿尔比娜没有辞职，她平静地熬过了背叛带来的痛苦，但她也没有把全部身心献给家庭。在这段关系中，唯一改变的是两个人重新看见对方，拥有了对方。他们不再孤独了。

　　许多人可能会说：但是怎么能原谅背叛呢？丈夫和另一个女人在一起，他把自己全部给了她，你怎么能忍受得了？也许，他是找了别人，但或许他是在她身上去找你，寻找那个他喜欢的，那个他选择过的女人。

　　前面我们研究了三角恋关系中的两个人。那么第三个人呢？她的感受是怎么样的？如果这不是一个唯利是图的，而是生活自足的人——这种关系对她来说是一种困境。无论她是否有孩子，无论她是比他年经大，还是年轻得甚至可以当他的女儿——她都和他的妻子一样，是一个有情绪和情感的人。

　　这些是我从那些当妻子的人那里听到的对情妇最常见的描述，但我们没有必要深究对手的形象，这是毫无意义的事情。我们应该比较、寻找那些更好的东西。情妇有意或者无意卷入这对夫妇的关系中。有时，情妇们在相当长一段时间里认为自己是唯一的，但当她们已经爱上或情感上依附于对方时，才了解到他妻子的存在。

　　是时候走出婚姻中的三角恋了。现在，男性或女性同时与多个伴侣建立关系并不少见。当出轨的人怎么都不能决定他到底想要什么时，这是一个相当微妙的情感游戏。他从一个女性伴侣那里得到了一些好处，又从另一个女性伴侣那里得到了另一些好处。结果是，一个男人有了"完整充实"的，相当愉快的生活，谈何孤独？但对于一个依附于男人的情妇来说，孤独是最好的朋友，有时她们甚至不能和任何人交流她们的生活，征求意见，甚至哪怕一起哭一哭。

我不是在呼吁去怜悯谁，但克服相互依赖不是容易的事。有时情妇攥着一个男人，只有一个想法——让他完全归自己所有。

在这种情况下，世界开始失去色彩，一切似乎都是可怕和不必要的，她们实际上是在作践自己。最糟糕的是，一个男人或许还会定期承诺会离开妻子同她在一起，永远和她在一起，这样的故事年年都有。在这样的三角恋关系中，两边的女性都可能有孩子。结果呢？完整的家庭在哪里？基于信任和爱的关系在哪里？

游戏，合适的脚本，眷恋，忠诚——这是这种关系最常见的特征。再加上恐惧，害怕失去一个人可能拥有的一切的恐惧。但这只是对完整充实生活的幻想，夹杂着泪水和责备，每次见面都同时带来的痛苦和喜悦。

有些女性找到了走出这个三角恋的力量，而另一些则没有。有人很快适应并开始过自己的生活，更多地关注自我。而且那些被"治愈"的人，那些已经不再相信可以同等地爱几个人的人，他们现在过着充实的生活。那么，如何确定，该什么时候从这种关系挣脱出来？

如果你觉得你依赖一个人，沉溺于一段关系中，而孤独感依然与你同在，那么是时候摆脱这个游戏了。

有时说起来容易做起来难，况且这段关系已持续几年了。持久的眷念、爱的感觉和经常的漫不经心、不愿意维系完整家庭生活的想法交替出现。许多情妇变得完全依赖这个男人，或者更确切地说，是一个男人把她们变成这样的，他用金钱、情感和性把情妇同自己绑在一起。

起初，在没有爱上这个男人的时候，情妇过着丰富而充实的生活，但当爱情和相互的眷恋产生时，对男人的依赖也就出现了。他之前给予的那些关注变得不够了，拥有正常关系、转化为另一个角色的愿望变得越来越强烈，最后，她们变得不想和某人分享一个男人，毕竟，正常的关系中不是这样的。一方面，这是正确的，绝对合乎逻辑的，但另一方面，这种关系最初应该按另一个脚本去发展。

如何在这样的结合中解决孤独的问题？如何摆脱恶性循环？重要的是，首先要把所有的情绪分为真正属于你的情绪和由男方强加给你的情绪，明确了解自己的感受，明白自己想要什么，在害怕什么。

这就像一张有三列的图表：第一列——你对男方的情绪，第二列——你的各种恐惧，第三列——你的愿望，也就是你想如何生活。

你可以在第一列中，详细地逐一写下所有与男方有关的情绪：

* 当他不过来时，愤怒；

* 当他不打电话时，不知所措；

* 当他在身边时，有爱的感觉；

* 当他不在身边时，恐惧。

列完后，在每一种正面情绪后面打上加号，负面情绪后打上减号。

在第二列中，写出你的恐惧。可以是任何的担心，任何内心的煎熬，任何恐惧，这些情绪甚至可能与你的男人无关。

在第三列中，写出哪些愿望是你的优先事项，并把它们用长线同对应的情绪和恐惧连接。你得搞清楚什么与什么有关。

这张简单的图表会表明，你当下应该去解决什么问题，例如，干扰你实现愿望的会是愤怒，或者任何一种情绪，如害怕失去，很怕某种新的东西。你可以得到几组关联项，它们将表明，你生活的进程在多大程度上取决于你的恐惧和情绪。

应该注意什么呢？就是如果那些记录中的大多数愿望只

与那个男人有关，例如：

　　* 我想同心爱的人一起度假；

　　* 我想要心爱的人过来；

　　* 我想要心爱的人送我戒指；

　　* 我想要心爱的人同妻子分手，同我在一起。

　　这是一张标准的愿望清单，它表明你的愿望不是集中在你自己身上，而是在这个男人身上。那么你的生活在哪里？你的愿望在哪里？请重新改写句子，让它们听起来只是你的愿望，而且同他人没有关系：

　　* 我想去海边；

　　* 我想去旅游；

　　* 我想要戒指。

　　如果你的愿望不仅与物质财富有关，而且还与一些旨在促进你的发展的具体活动有关，那就更好了。

　　为什么要打上加号和减号呢？因为这样你就可以清楚了解这段关系是否对你有益，是否应该结束这段故事。通常，完成所有这些操作的女性得出的结论是：除了男人，她们不知道自己想要什么，这样的关系带来的负面东西多于正面的，几乎没有什么把双方联系在一起。她们是时候考虑自我实现了。

　　但是很多人用一条红线贯穿清单上的所有项目，最后划出的是一条孤独的线。梦想中的孤独，恐惧中的孤独，每一天的孤独，以及一些虚假的，实际上没有带来任何改变的努力。

如果这样的事发生在你身上该怎么办？是时候重新思考你与这个男人的关系，并接受一点：变化是不可逆转的。在下面的章节中，我将给出解决内心深处孤独的方法。

怎么办？如果你是一个妻子，而且离开丈夫就不知道怎么生活，但你们之间已经很长一段时间没有性生活了，或者他更关注他的情人而不是你，所以你时常感到孤独，那么重要的是要确定，你是否有任何焦虑状态，你能否独自控制状况，或者你是否需要专业人员的帮助。

如果你处于抑郁状态，意识不到自我（这通常发生在女性知道男方的不忠而什么也不做的时候），试着先不要与这种状态对抗。在不了解问题及其原因的情况下进行积极对抗只会导致消极后果，不会给你带来恢复关系的机会。

如果你的焦虑和强迫观念交织在一起，特别是有诸如这样的一些想法：没有人会爱上你的，他会一直这样花心，你们不会有任何的结果——那么你可以试着让生活多样化，培养某种积极的爱好。如果这些对你而言都不够的话，你可能需要咨询专家。

如果你只是让自己努力不去想你的伴侣和另一个女性的关系，你不会得到任何结果。抑制思想时，你会抑制你的愿望，你迟早会崩溃。每一个女性都应该自己决定，是接受她生活中出现的三角恋关系，还是从中走出来。但在做出决定之前，重要的是要回答几个简单的问题：

* 是什么原因造成三角恋关系？

* 你是否觉得孤独？

* 你是否自我回避真实的愿望？

* 你是否还爱你丈夫？

* 你内心是否积满了委屈？

为什么回答这些老生常谈的问题很重要呢？因为它们能帮助确定那些大多数女性在关系中遇到的问题的因果关系。例如，一个已婚女性完全封闭了自己，不再关心、照顾丈夫，认为这是不必要的，但同时感到孤独，并试图以各种可能的方式摆脱孤独感。

但是，把自己封闭起来的她如何建立关系？这是合乎逻辑的：男人没有从她那里得到爱，因此也没有给她爱，或者也曾给过她爱，但只是一段时间之后，他再也看不到这样做的意义和好处了。

你可能从关系的一开始就感到孤独，那么你带着这种感觉继续生活就不足为奇了。这意味着你从小就没有得到足够的照顾和温情，你可能会更早地陷入精神紧张的情况，你可能因自己生活中有一个男性的存在而感到某种不适。

你应该考虑一下去仔细研究原生家庭的影响和沟通方

式。你可能缺乏来自身边强壮勇敢的丈夫的关怀，像你父亲或你潜意识中的某个形象那样的。但现在你身边的是一个在情感上比你弱的男人，和他在一起时，你不能放松自己，你必须总是为"两个人"做决定，而你希望信赖一个刚强的男人，他不会背叛你，也不会爱上任何人。

这种情况下，你的孤独另有原因：你的需求与现实不符，你实际上想要和另一个人建立关系，因为改造一个成年人是很难的。但你的丈夫找到了另一个接受他的女人，他不需要去证明什么，就已有人欣赏他。他在你身边时，也如你一样孤独，但他同另一个人在一起时找到了自我满足感。

也许你早就想和你丈夫离婚，而且他投射了你的愿望，他找到了另一个人。他会让你实现你的愿望，同时他会承担犯错的责任，所以现在你可以责怪他并离开他。

但很多人因为害怕孤独而留下来。他们不希望在他们的生活中有什么变化，他们只是害怕，迈不出那重要的一步。有些人甚至因为担心丈夫永远离开去找他的情人而变得更柔顺，更忍耐，但是，这样并不会引起对方的尊重。这个男人会更放松了，不再关注他的妻子，而只是享用两个女人给予的好处。但在这样的三角恋关系中不可能有真正的感情。

我的那些女性患者经常问我："应该原谅背叛吗？"应该原谅——是的！那么，应该继续这段关系吗？这是一个有争议的问题。为什么要原谅？为了不让自己陷入绝境。在原谅的同时，你让你自己摆脱了这个状况，它不再控制你。

我认识几十位女性，她们因嫉妒而折磨自己，只是因为她们的伴侣曾经背叛过。她们经历了各种各样破坏性的情绪，有时甚至达到了精神失常的边缘。她们周期性地陷入恐慌，陷入长期的抑郁，毁了自己和自己喜欢的事业，甚至可以感觉到自己的能量外流。现在，害怕再次经历这一切，害怕经历孤独的想法占上风。实际上，似乎没有什么在预示背叛，丈夫已经意识到这一切，并发誓他不会再背叛，但女人不相信，并清楚地知道他一定会背叛，毕竟，这已经发生过了。这种状况已经开始像一种恐惧症，一种强迫症。男人生活中出现的每一个新的女性，一个普通的熟人，一个同事，都是潜在的对手。女人会在她的脑海里投射出这样的画面：男人正在休闲、娱乐，和另一个女性玩得开心，而她独自难过。但事实是男方通常只是在工作、睡觉、休息，丝毫不会想到此刻，根据他爱人的判断，他应该在出轨。

最糟糕的是，女性开始接受、习惯这些想法，并开始灌输给男方。她常进行审问、检查，因为她害怕三角恋关系随时可能会再出现。

如果你看到自己处在类似的情况下，那么是时候玩"脱掉盔甲"的游戏了。从你的衣服中选择十件最大、最重、最保暖的，站在镜子前，把衣服一件接一件穿在身上，从最轻的衣服开始，并且大声说："我在生活中限制自己，因为我害怕……"这样说出你的十个恐惧，每穿一件衣服说出一个。

通常穿到第五件衣服时，你就会感觉又重，又不舒服——嗯，没有什么，你是在随身携带恐惧。也就是说，这些衣服你都将其穿在身上。你可以从不同的角度来阐释最大的恐惧，例如，对孤独的恐惧可以按如下方式吐露出来：

*我害怕他会背叛，而且再也不会回来；

*我害怕他在出轨，而我却不知道；

*我害怕会被一个人留在家里；

*我害怕再也没有人会进入我的生活。

当游戏结束的时候，你会具象地感受到所有的情绪，所有的不适，每天同你生活在一起。你带着这些感觉、情绪、思想，带着你病态的情绪四处奔走，并任由它们摧毁你。试着努力改变这种情况，打破恶性循环吧。在练习结束时，你要感谢自己的诚实，并愉快地脱下所有的衣服。你的脸上会露出微笑，也许还夹杂着泪水，但是，你将迈出重要的一步，即意识到自己内心深处的问题，看到问题的严重性，并能够下定决心去改变生活。

你也会明白，在这段关系中，你是爱你的丈夫还是你自己。如果你在一段关系中爱的是自己，那么你将不得不采用其他练习来解决这种情况。如果你爱你的丈夫，那么你将摆脱你的恐惧，并将能够继续建立关系——只要你的丈夫给予回应。

如果你因为男方去关注另一个女人，而你被一个人留下来感到非常委屈，那么是时候和他一起玩"把球扔给我"的游戏。这个游戏最好是由还没有失去友好关系的夫妻来做。

游戏规则是，把球扔向你的伴侣，并且说："我生你的气是因为……"他也用同样的方式回复你。做这件事不需要太用力，也不需要试图把球扔进对方的手里，如果你很生气，最好把球往墙上扔。但通常在七至九投后，伴侣会拥抱在一起，可能还会哭泣。他们开始明白，另一半为什么生气。

当然，接在这个游戏之后的是一个漫长的恢复关系的过程，但是，当你找出怨恨和冲突的真正原因时，你就可以处理它们。若你还在回避它们，你就无法处理它们，同时很少有人能帮到你。

如果在完成这个游戏之后，你意识到你更害怕孤独，那就拥抱你的伴侣。是的，不是每位男性都会同意做这样的游戏，也不是每个人都会理解你，也不会告诉你很多讨厌的事情。但你可以用一堵墙来完成这个游戏，把男人的一张照片贴在墙上。你会说出自己的想法，但你不会听到他的观点。当然，这不会那么有效，却仍然可以解决一些你们的关系中出现的问题。

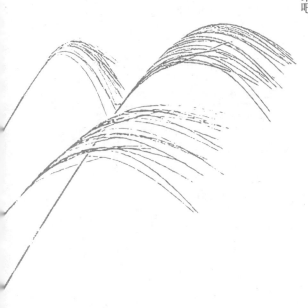

第六章

孤独的滋味

如果你用吃东西来解决问题，这意味着你身体里面有某种东西正在吃掉你。你内心的敌人正在吞噬你。立即停止暴饮暴食，将自己解放出来吧。

当你同某人见面时，无论是在重要的商务会晤还是日常的朋友聚会中，你会频繁地吃东西吗？会一次又一次拿起对身体没什么好处的含糖饮料喝吗？经常如此吗？几乎总是这样吗？这说明，你在休闲活动中有时或总是缺乏饮食纪律。你不仅通过交流来放松，而且还通过吃某些食物，例如甜食、咖啡、酒类饮品。

但这有什么问题吗？如果你没有体重超标，没有患有相关疾病，那么就没有什么问题。你可以继续用食物来补偿一些情绪，享受美食。但如果你体重超标，那么是时候停下来，并且从另一个角度去看看这个问题了。

在工作中，我经常遇到"吃掉所有问题"这个概念，这些问题中首先的，也是主要的问题就是孤独。人们越来越频繁地吃掉内心的平静，而且不管你是男性还是女性，你都可能无意识地吃东西，尤其是当你已经历下列情绪时：

* 恐惧；

* 痛苦；

* 愤怒；

* 屈辱；

* 冷漠。

无论发生什么事情，你都要认清自己，要意识到此时、此地，可以让事情发生，但不要让事情伤害你。

或许你会觉得：这怎么可能呢？事情发生，但不带来伤害？如何认清自己，既不伤害自己，也不伤害周围的人？非常简单。如果你被食物吸引，而且是最近才经历了压力、失望、怨恨、愤怒或任何负面情绪——努力不要吃东西。通常，在这种情况下，你需要被保护，而因为身体在进食过程中会获得额外的能量和热量，所以你感到暂时的安全。

然后你就会养成吃点东西乃至暴食的习惯。这是一种保护性反应，但只会导致生理和心理问题的叠加。为了避免这种情况，你需要面对现实。

扎丽娜是在一个相当保守和传统的东方式家庭中长大的，在这样的家庭中，尊重种族规则和尊敬长者非常受重视。她知道女性在家庭中的角色，知道必须注意自己的言行，并要做家中年幼孩子的榜样。她总是观察着她的母亲怎么带着喜悦和爱准备食物，以及等着轮到她坐下来吃饭。是的，这是一个非常严格的习俗，但在那样的种族中，女性的价值恰恰在于她们的柔顺和温和。

与此同时，扎丽娜梦想着另一种命运，并且她嫁给了自己的同事，一名斯拉夫人。他的家庭，习惯大家一起坐下来吃饭，没有规定一定是谁该做饭，也没有规定一定是谁去摆桌子，所有的一切都可以被简单对待。而扎丽娜却因此成为了暴饮暴食的俘虏。她把注意自己的言行和带着爱心做饭的传统丢失了，却找来了几十公斤额外的体重。在这里，孤独的陷阱起了作用——扎丽娜感觉糟糕和孤独的时候，就会开始吃东西。她开始越来越少地关注家里的清洁和整理屋子，这让她丈夫感到心烦。

扎丽娜的故事向我们展示了家庭脚本在生活中的作用。我的女患者有在新家庭中灌输她家庭传统的机会，但她没能做到。她想改变自己的生活，想让自己的生活也有不遵守规则、随性的时候，但她没有成功，并且带来的只是一味地心情不好。

但事情为什么会是这样呢？扎丽娜非常害怕生活在条条框框中。她是在严格的传统中长大的，但她想过不同的生活。成年的她作了这个决定，虽然这样说听起来有点奇怪，但正是由于她不成熟而没有考虑到某些细节，才导致了现在的结果。还有一个她完全没有意识到的事实是，在她成长的过程中，尊重女性的观念是在潜意识中形成的。在她的新家庭里，则没有任何尊重的概念。结果是什么？

结果是，问题若没有解决的办法，人就会去寻找补偿的方式，会用吃的方式来解决，客观上只对于他才存在的恐惧和孤独感吗？

了解问题是解决问题的关键。由于我们的女主角对她的丈夫有着真实的感情，她逐渐学会了向他灌输一种不同的对待女性的态度。她学会了不去压抑自己，而是敞开自我。这其实很容易，只是两者之间应该有一个平衡，而不该有期望或怨恨。在这里，主人公们可以试着进行"你是下一个给予爱的人"的游戏：展示给你的丈夫看，希望对方可以怎样向你表达爱，以及如果他对你表达爱，你的心情会非常愉快。

同样的方法，你也可以运用到工作中。在商务交流中，你或许会经常与很多人打交道，频繁的压力和不规律的工作日程会导致体重的客观增加，其原因也是：

＊缺乏运动的生活方式；

＊常吃快餐；

＊生活缺乏规律。

就是这些原因也足以让你体重多增加几公斤。但我们往往面临这样一个问题：工作中缺乏相互理解，或者不喜欢自己的工作，在工作中缺乏自我实现。

如果你的工作是你喜欢的事情，你的爱好，它给你带来了收入，那么这说明你走在正确的道路上。可以说你是一个幸福的人，但并不是所有的幸福都只是用工作时间来衡量的。你是一个有机会在工作中实现自我的人。如果情况不是这样，如果你在一份不喜欢的且繁重的工作之后回到空空荡荡的公寓，你会开始吃东西，吃一些将给你带来满足感的东西。你甚至可能开始饮酒来放松，而酒精饮料也会助长体重的增加。这样，隐藏的、模糊的抑郁就会显现出来。造成这种情况的原因就是孤独。

尽管我写了很多东西，也做教学，四处旅行过，但我非常缺乏活跃的现场交流。我喜欢看到人们获得现实的结果，看到他们的命运是如何改变的，并且明白我正在做应该做的、正确的事情。

一方面，既然我写书并用书籍指导人们，那么我应该是一个高度自我激励的人。确实也如此，我有足够的动力来做这些事，而对患者进行个别治疗和用这种方式治疗后的效果之间存在的因果联系是其中必备的成分。

我多次尝试在许多方面实现自我，包括在科学研究中也是如此。我已经写了许多文章，参加了许多学术会议，但是，这些活动之后我没能在一个真实的、活生生的人的反馈意见中看到结果。我发表了几十篇学术论文，但没有收到把这些研究成果运用到自己生活中的某个人的回应。那些从事脑力工作的人会理解我的。这些人往往非常缺乏葡萄糖和咖啡因，所以巧克力和咖啡会成为他们最好的朋友。

许多人可能会反对我说，他们根本不吃其他任何东西，只是沉溺于甜点和冰淇淋，他们不是健康生活方式的追随者，可以让自己随心所欲。太棒了！但重要的是要记住：你不会发胖——如果你没有内心的孤独，如果不能自我实现的感觉不经常来拜访你。你不断地工作，你的新陈代谢不会放慢，因为在工作中你能感觉到能量输出。如果你感觉不到它，并且经常感到不舒服，如果你时常感到问题出在理解自己和周围的人上，那么是时候重新思考你的内心世界了。

是的，许多人不想更换给他们带来收益的工作，但是，你可以去找一个有共同爱好，志同道合的人。如果你也没有时间可花在兴趣爱好上，或者你的另一半不支持你的爱好——是时候考虑考虑你的生活是否合理了。你几乎走进了一个死胡同。让我们从那里挣脱出来吧。

首先，你要让你心里那个唠叨废话的人闭嘴，他会引诱你多吃和用暴食来解决问题。这是怎么回事？我们在谈论什么？我们现在谈论的是，是时候在你吃东西时，停止自己内心的对话了。

人们经常封闭自己，只是自己和自己交流，把一天内发生的情况、工作上的事情在内心仔细琢磨，同时，在这一刻，毫无节制地吃着东西。

我有一次看到我的一位女同事一个接一个地从盒子拿糖果吃，边吃边投入地在讲述自己如何"与另一所大学的一位老师交流，那位告诉她……"她不停地咀嚼着，甚至没有吃点别的东西来送这些甜食。

在那一刻，我意识到发生了什么，而她却没有。当我问她是否饿时，她说不。下一个问题使她失措——我问："你现在做什么？"她很气愤地回答："什么做什么？我在讲话啊！"她话音未落，突然转过头看向糖果盒。

她惊呆了。她不记得自己吃了这么多。"就像吃瓜子一样。"她确定后说。

是的，这种情况没有什么可怕的，如果它不是天天在重复的话。我没有权利干涉他人的私人空间，也不会试图指出谁应该吃什么。我举出的这些真实的例子，就是人们试图用吃东西来解压和达到自我实现的愿望，但这种方式不能解决问题，却会导致暴食。

是时候开始有意识地对待自己了。是时候开始清楚地意识到自己吃了什么和吃了多少了。

当你的内心还没有变得平静、舒适和温暖时，当你自己还没有成为那些寻找自我却怎么都找不到的人的榜样时，你依然面临陷入暴食深渊的可能性。

为什么是落入深渊？因为在"吃着"孤独的时候，你有极大的可能性会怜悯自己，给自己的生活顺带来点好吃的和愉快的东西。

如果这种自怜不断重演，如果你经常地、定时地想要吃点甜食，需要饮酒或含有奶油和大量糖分的美味咖啡，应该怎么办？

让我们从头梳理一下。首先我们要搞清楚，真的是孤独感、害怕和恐惧激发了你目前的状态吗？你确实是在吃掉点什么吗？还是这些饮食习惯是你从童年时就养成了的？也许你只是喜欢饱食，这早已成了一种习惯，让你不再限制自己吃东西。

为了搞清楚这一点，你可以尝试"钓鱼"这个练习。你的"鱼"是：（1）当你真的想就餐时，你吃东西之前的状态；（2）当你贪婪地开始寻找额外的食物、不停地在吃东西时，你的状态；（3）你吃完东西后的状态。

创建一个饮食日记，在日记中单独记录你的日常情绪状态。你正好可以把你的"鱼"写到这里面去。

你可以在日记中记录你的任何情绪和内心感受。正如实践表明的那样，你只需要几天的时间就能捕捉到自己究竟是因为什么而产生不停吃东西的需要。

根据我的观察和对患者的饮食日记的研究，我能得出的结论是，那些内心焦虑的人，那些对某些事情不满意，并处于紧张状态的人，时不时要吃点东西。在我的工作中有这样的情况：女性患者说她们抓住的"鱼"是如此之多，以至于她们都觉得惊讶，肚子怎么能装得下这么多东西。她们完全没有想过自己一天吃了这么多。

但是，当你意识到问题的严重性，并且需要改变一切时，你到底该怎么做？让我们再次深入地审视自己，看清楚自己的内心是否在哭泣。

内心的哭泣往往让一个人无法从生活本身，而只能从食物中获得满足感，来自不断咀嚼美味的东西。你想对全世界大喊，你受到了多么不公正的待遇，你受到了多么大的伤害，但你没有真心将心声喊出来，而只是固执地继续"吃问题"，固执地继续咀嚼食物。

在这种情况下该怎么办？怎么改变它？也许它不需要改变，你只需要区分两种完全不同的状态——吃饭的欲望，饥饿的感觉和对爱的亲密关系的需要。

内心的哭泣往往发生在：

* 当你为某件事感到非常不安时；

* 当你受了委屈，被背叛时；

* 当你被抛弃时；

* 当你承受压力时；

* 当你得了重病时；

* 当你遭遇了背信弃义时。

一些人或许还有其他会引起内心哭泣的原因，我们不能忽视它们。你需要意识到管理情感和关系的重要性，以及接受自己的痛苦的重要性。

但除了这些，如果你不开始接受有着新体重、新身体的自己，那你就不会得到结果。你不应该再为自己的体重超标而心绪不佳。现在该感到高兴的是，你可以控制你的体重，可以在你需要的时候，减重或者恢复正常体重。如果你不相信这一点，并开始变得更加心烦意乱，感觉没有人同你分享过，也分享不了你的问题，那么请去找到那些在同体重做斗争的女性们，虽然我反对"同超重做斗争"这句话。在这场斗争中，你显然不会赢，多余的重量还会显示自己的威力。最好把减重称之为"通往健美之路"，并将其视为一个新身体的新的生活阶段。没有必要将其形容为"斗争"，这个词会引起焦虑和冷漠，这只会使你的处境更糟。

如果你的内心确实在哭泣，那么有一个非常好的、有积极作用的练习在等你，这个练习叫"一杯水"。完成这个练习实际上只需要一杯水。这个练习的关键在哪里呢？

当你特别难过和害怕的时候，当你因为某些原因准备吃很多垃圾食品时，把一杯水放在自己面前。

你对着这杯水坐下并思考：可能，一杯水就可以满足你，而不是一整块蛋糕或馅饼吧？仔细盯着玻璃杯。如果你还是想吃点东西，喝一口水，做一次深呼吸。你可能会觉得你的心跳很快。没关系，你是在试图修复生活中的一些东西，开始以不同的方式思考和生活。身体可能会抵抗，但不会很久。

当你喝完水后，你将会平静地做家务、工作。你永远不会再强迫性地想吃东西。

如果你了解自己那些影响减肥的综合情结，那么是时候摆脱它们了。你需要尽快地如此做，才能迅速地减肥，才能欣赏自己新的身体。

应该如何摆脱对自己的身体和体重的综合情结呢？用镜子做练习。在镜子面前显摆自己吧。是的，你可能有充分的理由不满意自己的外表，那你就想象自己焕然一新后的身体吧，就像你早就梦想过的那样。

试着一遍又一遍地做这个练习。这将鼓励你达到希望中的各项身体指标。如果你越来越倾向于早该改变生活方式和安排合理饮食，那么你已经准备好让身体变得健美匀称，现在正是时候合理化你每天的食量和食物结构了。

值得注意的是，抑郁症，人类特有的孤独综合征，是体重增加的主要催化剂，因为你不再希望你会有一个伴侣，而是开始在食物中寻找自己。

为防止这种情况，应遵循下列简单的抗抑郁建议：

* 用新的绘画装饰公寓，换窗帘，选择冷色的（例如蓝色、紫色）；

* 如果你很喜欢红色，那么多吃西红柿；

* 如果你喜欢橙色，那吃橙子会让你情绪高涨，补充你身体不足的维生素。

你可以按你喜欢的颜色选择一组美味健康的食品。这将让你在厨房里感到舒适，并将你的饮食变得更健康。

如果孤独的感觉没有消失，那么你可以试着在网络上分享你美味健康的菜肴。你会认识大量志同道合的人，会得到鼓励，得到令人愉快的反馈意见，会了解到有多少人也在努力使体重正常化，想方设法不让自己肥胖。

最终，你将不再是一个人，你将不再怀疑许多人也在努力克服他们对食物的依赖。

如果你怎么都不能战胜自己，仍然处于抑郁状态，仍经常想吃点东西，那么你需要更深入地研究这个问题。在下面的章节中介绍的练习将帮助你应对类似的情况。显然，你在抗拒。内心的抗拒是我们最可恶的敌人，它不允许我们放松，不让我们同自己、同世界、同我们的新身体和谐相处。

内心的抗拒之所以会出现在我们身上，可能出于完全不同的原因——从墨守成规的思维方式到怜悯自己的想法，都是可能性之一。如果它不能完全吞噬我们，那就没什么问题了。如果它在吞噬——是时候考虑如何用强化的方式解决你所有的老问题，打开封闭的内心，但是为此，你必须独自面对自己。

第七章

独自一人

此时此地你所必需的一切都蕴藏在你的身体里，你是你自己和周围的人用之不竭的快乐与幸福之源。

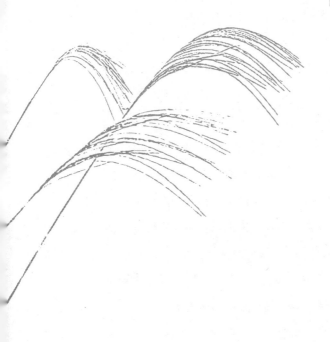

　　你是否经常独自一人？你能否完全理解自己的行为？你是否很放任自己？如果孤独已经成为你忠实的朋友，很可能，你会处处限制自己。

　　长期频繁的孤独感本身就是一种限制，你不允许自己生活得充实，不让自己放松，享受你生活中所有的美好事物。你经常处于紧张状态。

　　我的患者尤莉娅害怕一个人长时间的独处，但她不承认这就是恐惧。她只是开始无头绪地忙乱，与一个不存在的对话者进行对话，并一直在对他证明点什么。有时她只是坐在椅子上等着有人来。她知道她丈夫一向工作到深夜，可能无法马上回来，但她非常渴望不再一个人独处。

　　这意味着什么？意味着一个人不认同自己，他没有意识到，独处没有什么不好的地方。要知道，尤莉娅并不是孤独一人——她只是某一段时间一个人在家。在那一刻，不存在任何对她完整生活的威胁，她和丈夫的家庭关系良好，当他回家时，她把所有的精力、关注放在他身上。

　　丈夫甚至因此感到有点累，试图说服尤莉娅关注她自己，去发展点兴趣爱好，不要只是占据他所有的私人空间，没有自己的生活。

　　尤莉娅起初试图用玩笑来掩盖，解释说这一切是因为她疯狂地爱着丈夫，没有他就很寂寞。对此，丈夫回答说，她的寂寞会让他们两个精神崩溃。尤莉娅开始因此感到委屈，因为她的热情没有被认真对待。而事实上，她并不想特别去关心任何人，也不想把所有的时间都花在某一个人身上，是因为她只是不想独自一人，因此她渴求任何的陪伴、任何一种关系。她在很长一段时间里都没有意识到，她只是害怕和自己独处。

多一点独处的时间，你是在给自己更多的幸福生活的机会。

你经常处于运动中，寻找正在发生的一切的意义，你可能不关注自己，也不想关注自己，就像尤莉娅一样，害怕深入到自己的生活，深入到自己的内心。她害怕内心里依然存在的沮丧，她害怕内心已经黯淡的亮光。那么，尤莉娅不愿意独处的谜底是什么呢？一切非常简单——这个年轻姑娘在怀孕初期失去了孩子，以致现在她害怕会被一个人留下来。有个小女孩在她身体里和她说话，她在哭泣，尤莉娅因而也一直想哭。当丈夫对她说"是时候停止自我怜悯，生活应该继续时"，尤莉娅封闭了自己，把那个哭泣的小女孩封闭在自己的心里。

尤莉娅变得越来越焦虑和不安。她开始睡不着，与周围的人交谈越来越少。她走得越来越远，逃离过去的自己，逃离那个值得拥有更多的、积极乐观的自己。

尤莉娅变得为小事烦心，注意力不集中，反应迟钝，甚至发生了几次轻微的交通事故。但是她却什么都没有做，不去了解为什么会发生这一切，以及应该怎么处理这种情况。

如果你害怕和自己独处——问问自己为什么。如果找不到答案，请寻求帮助。

你可以向朋友和亲人寻求帮助，也可以去看心理医生。亲人和朋友能帮上什么忙呢？他们可以同你交谈。当一个人倾诉完、哭完后，她就会意识到是什么正在折磨她。在她没有意识到这一点前，什么都无法改变。

尤莉娅知道自己有什么地方不对劲，知道早就应该去把情况搞清楚，但她一直把这件事情拖到"明天"再做。结果这个"明天"可能根本不会出现，焦虑会变成长期性的，发展为神经质和精神失常；此外，噩梦和逐渐变成经常性的、慢性的恐惧开始困扰她。在尤莉娅看来，它们永远不会消失。在梦里，她不断地陷入困难的境地，企图挣脱出困境或逃离追逐。

这些梦境使她精疲力竭，她在夜晚不能充分地休息好；在白天，她同样发现了一些让她痛苦和害怕的事情。最终，这位女性直接把她所有重要的事情都放在一边，开始寻求帮助。

最可怕的是，当一个人在逃避自己时也开始逃避生活中的快乐。她逃避发生在她身上的一切，推开周围的人，把他们关在自己的门外。她远离现实，同时还认为实际上在自己身上没有发生什么可怕的事情，只是感到困惑，很快一切都会回归常态。事实上，这可能不会发生，她凭自己一个人可能回不到内心平静的状态了。

如果你不知所措，在生活中迷路了，看不到出路——去寻求帮助吧。请求你身边的人帮助你，不要独自面对问题。一切都是可以解决的。只是你需要评估一下情况，诚实地回答自己一个简单的问题：你是你自己生活的主人吗？你看重自己，还是比起自己，更看重别人？

你的愿望是什么？还是你在日常忙碌的日子里失去了它们？你把自己封闭起来了吗？有什么使你害怕对自己承认的？是什么？

* 你不再爱你丈夫了吗？

* 这段不能带来幸福的关系让你厌倦了吗？

* 你不想去工作，因为没有自我发展的机会吗？

* 你已经单身很久了，不再给自己找伴侣了吗？

* 你的外表让你难为情？所以你认为你配不上一个在任何

事情上都愿意帮助你的好男人吗？

　　* 你害怕有孩子吗？是因为想避免自己会独自抚养孩子的可能性吗？

　　来做一个简单的练习，它能让你明白生活和你自己。

　　放下所有的事情，让家里寂静无声，在半明半暗中舒服地坐下来，别让任何事情分散你的注意力。环顾你所在的房间，不要评估它，只是身在其中。平静地呼吸，不要担心任何事情。

　　把你的右手放在太阳神经丛区域上，左手放在腹部区域，深呼吸，不要闭上眼睛。你要想象一朵火花开始从你的太阳神经丛中生长，它变得越来越大，它从你身上生长出来，你会看见它炽热的花瓣，你的手感到温暖。当花足够大时，往前伸出你的右手并把花放下。用你的左手覆盖上你的右手并做深呼吸。

　　这个练习能打开内在潜力，让人摆脱个人生活中那些束缚，对孤独的恐惧主要就是这些束缚引起的。许多患者发现，他们很难在胸部中形成一朵花。在他们看来，那里有一个洞，一个漩涡，没有什么能从里面长出来，他们因此而泪流满面。

　　当你开始练习时，重要的是停止内心的对话。如果有某种想法经常困扰你——要分析它们，注意它们出现的频率。

你在想什么？

如果你不能完全停止思考，那就重新开始练习，但要在你搞清为什么你会经常有这些想法之后。如果你在内心看见某个人的形象，想想为什么"他"会出现在你身上。你不能放弃什么？你为什么看见的是这个人？也许你之前痛苦的经验同他有关？整理好同这个人之间发生的事情，原谅并放手。

如果你见到的是某种情境，在练习中不要深入进去。很有可能的是，当花在你身上开始生长时，你不会再相信那种情境，你会觉得，这不是你，那样的情境不会发生在你身上。让你的生活有改变吧。

如果在练习中，那朵花开得很容易，并且你从这个练习中得到愉悦，那么高兴吧！这意味着你现在可以做很多事情。接下来你可以在自己的内心培植一段关系，并在脑海中展示这些画面，比如一场婚礼，或者你梦寐以求的孩子。改善物质生活的要求复杂些，有其他针对这一目的的练习。

如果这个练习使你泪流，那就意味着你不想同某些东西妥协，就这样继续生活，就像有个沉重的东西，抱着你的腿，而你想挣脱它。可能是，你轻视了其他人在你生活中的作用。

你为什么觉得自己是个孤独的人？你有很多朋友，你的父母还健在，你有自己的另一半。你为什么孤独？也许是你无视了他们对你的关心？

被他人轻视会导致内心的痛苦。你开始为自己虚构另一种现实。

你的孤独很可能是臆想出来的，你只是在感觉那样的经历，感受那样的自己。但这是对的吗？或者你应该好好考虑一下，你在生活中原则上做错了什么？

当你无视他人对你做出的努力、关心时，你是在从这种交流中，从这种关系中拿走能量，直接把它浪费掉或者用到痛苦中去。这两者都不会给你带来愉悦。试着想想，你是否在让你的整个生命失去意义，并且这就是为什么你害怕和自己独处的原因？

也许有人在轻视你？有人在背叛你或低估你的潜力，而你感受着内心的排斥？你和这个人切断联系了吗？这可能是你的父亲、母亲、丈夫、朋友、同事，他们：

＊不相信你；

＊不支持你；

＊不听你说话；

＊不拥抱你；

＊不容许你按自己的愿望生活。

所以到底是他们还是你自己让你的生命失去意义？让我们一起来搞清楚。你同父母的关系有多亲密和信任？你能依靠他们吗？也许你只是不满意他们对你的行为的反应？

如果你对上述问题的回答哪怕有一个"是"，让我们看看，可以做些什么呢？

父母是如何无视你，让你产生孤独感，应该如何解决这个问题？当父母不听我们说话时，他们就是在无视我们。这也就会引发出我们内心的孤独。这往往就是我们内心的那个小孩子在要求被听见，要求陪伴，要求爱。

对一些人来说，内心中的那个小孩子被禁止表达感情和情绪，但是他非常想成为一个被需要的和有价值的人。

如果你有孩子或者只是在计划要孩子，你也应该既要从孩子的角度，也要从父母的角度来领会父母与孩子如何相处。现在建立与父母的关系投射是非常重要的。不，这不是一种排列技术，你不会进入任何人的角色。对你来说，重要的是用冷静的头脑分析与父母的关系，并按日期划分出重大事件，分为"之前"和"之后"。

例如，在你上学之前，他们对你充满爱，同你很亲近；在那之后，他们开始对你有很多要求，而你却不再感受到他们的爱。或者你的父母离婚了，在他们离婚后，你从来没有和孤独分手，它在你身上定居下来，你总是感觉不舒服、感到孤独。或者你长时间不能从你父亲或母亲的死亡中恢复过来了，所以在你身上产生了孤独感。或许所有这一切都出问题了，而你在和父母沟通后，你会觉得自己是一个完整充实的人，完全不是一个孤独的人？

你可以记录你们之间的交流和相互关系中的那些关键时刻，并清楚地分出"之前"和"之后"的情绪状态。完成这件事后，你需要将自己投射到每个关键时刻。它们真的很重要吗，你真的需要它们吗，或者没有它们你也可以平静地应对一切？还是你会再次为某些时刻而痛苦，内心在反复经历它们？只有到那时，你才会意识到你早已经成年了，并且你过去的怨恨，强迫性的孤独感——这就是那个你随身拖着的沉重负担。

如果你决定详细地了解情况，那么去翻看老相册，正确判断你与你父母的所有共同点。带着感情去体验对那段时间的回忆，然后放下它们。

奥利加怎么都不能理解，为什么她对父母的情绪要么是非常正面的，要么是绝对负面的，这让她总是担心她和他们的关系。也许，是她自己臆想出一些事情，并且怎么都不能控制感情，或者她对父母的期望太高了。

在翻阅自己童年照片时，她找到了一张有趣的照片，照片上她甜甜地笑着，握着她父亲的手，同时父亲也是高兴地微笑着。但是奥利加不知道她的父亲在生活中还有如此乐观愉快的一面，他经常喝酒，甚至打女儿和妻子。在小女孩的记忆中，那个奥利加内心的小女孩印象中，他是个暴君。但不幸的巧合是，她真的想爱那个面带笑容，善良和温柔的父亲。

我同奥利加约好，下一次去父母家的时候，她要把这张照片给父亲看并拥抱他。她也这样做了。父亲被感动了，紧紧抱着女儿说："我们有你真好。闺女，我们非常爱你。"

这些是我们想听到的话，作为成年人，我们潜意识里希望我们永远都是父母眼里的小孩子。这是某种同自己的血脉相连的，防止孤独的安全区。

如果你现在缺乏父母的支持和赞扬，你好好想想，自己是否向他们表明这种需求了？你表现得像个成年人。并不是所有的父母都是温柔体贴的，也不是所有的父母都会向成年子女流露自己的情感——相反，他们会对孙子孙女表露自己的情感。

如果你有孩子，不要忘记拥抱他们，表扬他们，宠爱他们，说你爱他们。你可以用行动来表达，那么孩子们就不会觉得自己孤独一人。

孩子应该受到惩罚吗？现在，许多社会教育工作者反对任何方式的体罚和心理压迫。这些措施不起作用，没有效果，只会使孩子开始躲在自己内心的硬壳里，别人很难从那里把他带出来。尽量找到别的方式来惩罚孩子不好的表现，用激励的方式来表扬孩子良好的表现。

哪种方式适合呢？首先，一点也不要惩罚孩子，而是同他交谈，讨论，和平解决一切。许多孩子，即使在两岁的时候，也已经完全能有意识地同人交流，用成人式的、理智的方式对待他们，他们完全能明白。

不要把孩子身上常见的调皮和任性同真正有危险的行为混淆。即使孩子有危险行为，也要同他谈话，不要恐吓孩子，不要把他推开，不要培养他内心的孤独。

我经常遇到这样的母亲，她们甚至不能同孩子搭上话，因为他们之间联系已经中断了。中断的原因正是母亲内心的孤独。

女性对所有人封闭自己时，也把自己的孩子封闭在外了。

　　有一次，一个年轻的女性来找我，她的外表很讨人喜欢，举止优雅。她抱怨说她怎么都不能调整好同孩子交流的方式，甚至开始认为她不爱她的女儿，并为此而自责。

　　如果你甚至没有把孩子抱在怀里的愿望，今后如何继续和孩子生活下去？丈夫是爱女儿的，愿意为她做一切。他给她礼物，给她特别的关注，因为他看到当母亲的是如何忽视孩子。结果，所有的周末都是父亲和女儿在一起度过，一起去参加一些孩子的活动，而母亲则留在家里。最初她试图打扫卫生，做一些好吃的东西，但很快就放弃了这些家务。她只是躺下来休息，睡觉，一直望着一个点看，什么都不想。但她最不想看见自己的孩子，故而更谈不上要关心她，为她做点什么。

　　在分析这位女性的内心焦虑时，我们首先了解到，造成这种情况的原因之一是她生活出现的变化与她女儿的出生有关。有了女儿后，她对于丈夫来说不再是那个唯一的人。女儿的出生使她产生了一种隐藏的嫉妒，这位女性没有清楚地表达出来，是嫉妒伤害了她和她的丈夫。

第二个原因潜藏在这位女性的内心深处，问题出现在她的童年。她早就接受了她已经长大成人，但她不能接受没有人关心她。这就是为什么她不想照顾任何人，除了自己。

这种情况连利己主义都算不上，它是一种对现实的病态和扭曲的感知。孤独是一个人自己培育出来的，而且还无法摆脱，因此人们会对自己解释，如何应对发生的一切和原因。他们会告诉自己，一切都是正确的和符合规律的，自己的状况是完全可以理解的，这里面没有什么超自然的东西。但事实上，这不仅对孤独的人造成伤害，而且对周围所有人也造成伤害。

你的另一半如何无视你？该怎么做才能结束这种状况？

如果你的伴侣不听取你的意见，批评你或不支持你，哪怕是奇怪的想法，你不要急于伤心难过。也许只是你没能用他人能明白的方式来分享自己的生活。

让我们从头开始。对我们愿望的无视是如何导致内心的孤独？一切很简单——你期望从生活伴侣那里得到他没有能力给你的东西。

　　如果你是搞创作的人，而且情绪变化大是你的特征，你飘荡在云端，而你的丈夫同你不一样，那么不要急于沉浸于自我中。伴侣是该相互学习的。即使你们不能永远在一起，你们仍然可以成为真正的伴侣，填补彼此内心的空白。

　　伴侣之间的互动是不可避免的，但许多人试图逃避它，自我封闭，转身，委屈，一有适合的机会，就很长一段时间都不开口说话。看看自己的内心吧：你的伴侣是否真的忽视了你，没有听你的，无视你的愿望？或者这其实是你自己禁止自己接受这段关系本来的样子？

　　也许，你因此在伴侣身上引发出一种负罪感，在找对方的缺点和整个关系中的不足时，你会更容易和更频繁地生气。但是，如果你看到，是你的伴侣自己在抑制这段关系，不允许你表达你的观点，踩踏你的自尊，侮辱你，那么这样的关系就不应该在此谈论了。

　　独自一人时，你好好想想，你的伴侣对你的态度是否会真正改变？为了给这段关系一个机会，你是否已经准备好容忍他所有的抱怨，所有的不满？但谁会给你机会呢？如果你内心导向"离开"两个字时，那么是时候认真思考，你是否要留下来和这个人在一起，而如果你再次回到独自一人的状态，孤独会不会从内心吞噬你？

　　另一种无视的方式是通过建立坚硬的框架来贬低他人的

尊严。这通常涉及某种行动和行为方式，例如，女性经常禁止男人们与其他女性保持联系，因为害怕他们背叛自己。即使同事就工作的问题给男方打来电话，也可能让女方发狂。这种情况导致的结果是，伴侣双方都被锁在孤独的陷阱中，并且怎么都爬不出来。他们只能撞击冷冰冰的误会之墙，什么也做不了。

> 　　叶莲娜生活在一个普普通通的中产家庭。她和她丈夫在同一家企业工作，但在不同的部门。他们有稳定的收入，一套不大的住房，还有几个关系亲密的朋友。
>
> 　　这对夫妇没有孩子，这对他们来说是个大问题。叶莲娜认为，还可以再等等，而她丈夫不仅坚持己见，而且定期挑起争吵，原因是——为什么他需要这样一个不能生孩子的女人？
>
> 　　起初，叶莲娜理解地对待这样的说辞，但很快就开始认为他是个暴君。她封闭自己，开始去教堂，向牧师征求关于这件事的建议。
>
> 　　最后，她得到了一个简单而明确的答案："这是你的家庭生活，你们是两人在一起生活。如果你们是一

个家庭，那么你们要联合起来解决这个问题。如果你丈
夫不想解决这个问题，那么你做不成任何事情。"听了
这些话后，叶莲娜心里变得更加沉重了，所以她决定和
她的丈夫谈谈。如果现在要孩子对他而言是原则性的问
题，那她愿意同他离婚，只要他会幸福，她就能过平静
的生活。

　　她的丈夫轻视作为女性的叶莲娜，贬低她，侮辱
她，没有给创建真正的家庭关系留机会。造成这种情况
不是她的错，这是两个人的问题。叶莲娜到底还是找到
了力量去面对孤独，同丈夫离婚，同另一个人重新开始
了完整充实的生活。几年后，她生了一个女儿，只是孩
子的爸爸是第二任丈夫。

　　看看周围，再看看你的家庭生活。你是否轻视你的伴
侣？也许你的男人不是一个能移动泰山的人，但是他帮忙做
家务，并且可能是一个贴心的朋友。也许在他的冷淡和节俭
背后藏着一个真正浪漫的人，他只是因为工作和日常生活感
到疲乏，他希望至少在家里时，能够得到放松和休息。

要更多地看到你伴侣的优点，但不要夸大它们。告诉他，他也同样应当多看看你的优点，而非缺点。

这样的话，你们谁都不会感到孤独，因为每个人会忙于同一件事情——努力提升家庭的幸福感。如果你总是觉得在一段关系中，你付出的比你得到的要多，那就要做好准备，因为很快就会出现结束关系的问题。没有人能永远容忍一边倒的比赛。

如果在仔细研究自己的孤独后，你开始用与之前不同的方式与你的伴侣交流，并找到了共同的语言，那么你已经走上了正确的道路。你需要做的已经不多了，只需要认真观察自己身体和心灵发出的信号。

身体经常发出信号，告诉我们某处出了问题，我们正在被贬低，被轻视，我们因此而痛苦：当我们想到要同某个人会面时，我们可能会头痛：当我们的伴侣准备和我们摊牌时，我们可能会开始紧张，感到全身虚弱。

有一些夫妇的情况很严重，当男人见到女人一脸不满意时，他立刻就会开始大叫，跺脚，并问他那里错了。他已经准备好同妻子吵架。

男人感觉身体不舒服，他丝毫不差地预见到，吵架很快就会发生，所以他不可能不对此感到愤怒。

我们是如何在工作中被他人轻视的呢？不被支付工资？或是总是被挑剔、被检查？如果是第一种情况，一切可能还有合理的解释，若是第二种情况，则可能是某人对你纯粹的个人厌恶引起的。如此，你就会在工作中感到空虚，你会把这种空虚带回家，并沉浸其中，简直不想去上班。你会无精打采，毫无热情地做任何决定。

如果你在工作中被轻视了，该怎么办呢？你要独自沉思并判断，自己的工作成绩被认可确实对你而言是原则问题吗？是否确实，挑剔只是针对你？或者这是上级领导的行为风格？如果你清楚地知道，有足够的物质激励，工作给你很好的收入，事实上老板是对的，那么你并没有被轻视，只是游戏规则本来如此。

如果你在已经发生的情况中发现的只是缺点，并且明白，上司严格限制你，在经济上亏待你，而且在这里工作看不到前景，那么你为什么还在这里？结论是，你自己让你的工作失去了意义。

也许，你只是没有正确地生成自己的愿望和需要，并且当它们未实现时，你感到自己孤独一人，因为你无法自己帮助自己，没有人支持你。但这是一个不成熟的观点。

成熟的观点是，你清楚地意识到自己的愿望，并且一直走在追寻自己愿望的发展之路上。什么是意识到自己的愿

望？这很简单。你只需要去看看自己的内心，你就会明白你
到底想要什么。

看一看你自己的内心，你真正的愿望是什么?

哦！愿望可能非常多，从想买新的口红、新的地毯，到
位于地中海的别墅。那让我们把愿望整理一下吧。首先，让
我们看看愿望与梦想有何不同。

愿望，这是我们已经计划好要去实现的。
梦想，这是一个模糊的概念，没有具体细节。

"怎么是这样？"你可能气愤地说，"我就是具体地想
要一辆新车！"具体什么时间？具体什么样的？为什么要?
请按下列方式限定你的梦想：
　* 按时间；
　* 按目的；
　* 按已经发生的时刻（梦想存在的时长）。
　那么它们就会变成愿望。而接下来，你会直接开始行
动，并且很快就得到一切——特别是，如果你画一棵愿望树
的话。

愿望树怎么画呢？拿一张A4大小的纸，在其底部用铅笔画出树根。在它下面，写下主要的情绪、感情和你需要满足的需求，比如：

* 需要爱情；

* 需要金钱；

* 需要健康；

* 需要创作。

接下来，你需要画树干，沿着它写上日期、时间段，例如：从某年的1月1日到12月31日。这样，你就给自己定了一年的时间来完成自己的需求。

再往下，你画出树枝，把你的愿望挂在树枝上面：

* 生个女儿；

* 建房子；

* 买车；

* 月工资10万（或者日工资）。

写得越具体，你的树就会长得越快，你的愿望就会实现得越快。在愿望树枝间留出一点空间，得到幸福后在这里写下对世界的感激之言吧！

当你的树画好后，你会感到惊讶：那些你视为自己生活中心的小愿望，已经可以实现，或者你会清楚地知道如何实现它们；那些你认为是梦想的，现在变成了愿望。这些将是总体目标，你还要限定完成它们的期限。接下来，只需要对比你的需求和愿望，并看懂这张简单的示意图：在实现愿望时，你就是在实现自我。

在获取想要的东西时，你也在变成一个充实、完整的人。

愿望树可以继续画下去，补充它。在得到第一个结果后，你将充满热情，并将越来越努力地培植你的树，给它"浇水"。

看到自己清晰的愿望图后，你也会重新审视自己对在工作和生活中所遭到的轻视。你将不再因此而担心，因为你会有完全不同的生活目标。你将在生活中采取完全不同的立场，并将因每天得偿所愿而感到幸福。

当一个人有目标的时候，孤独就会消散。目标推动人去创造，促使人去过充实的生活。它不允许你对小事感到不安，在别人的意见和想法中迷失自己。

但是，如果你不知道继续往哪里走，如何实现你的愿望，会怎么样呢？如何远离孤独的简单秘诀会对你有所帮助。

第八章

有意识地获得幸福

开启幸福生活的五把钥匙

幸福是一种微妙的内在状态，它让我们对周围的一切感到愉悦。在幸福的时刻，我们不会悲伤和痛苦。我们很幸福——这就是一切。

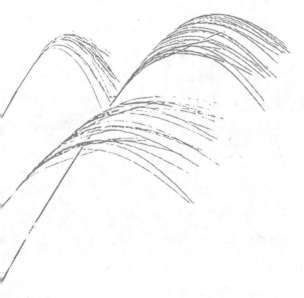

许多人早就不记得，做个幸福的人是什么意思，并且把自己的生活变得如此复杂，以至于无处安放真正的幸福。另一些人认为幸福是一种弱点，因为在那个时刻，人们会失去警惕性，他们不属于自己，而是属于他们将陷入的某一种状态——孤独、封闭和误解。

什么是有意识地获得幸福？这是一种你意识到自己生活的重要性和意义的状态。你很享受自己此时此地的生活，对此也没有人能影响到你。你觉得你是自己生活的主人，谁也没有权力夺走上天赋予你的机会——看见世界，听见世界，感受世界的机会。多与他人分享你的情绪和经历吧。当你意识到自我和自己的生活时，你就摆脱了孤独。

但许多人不明白，如何能过有意识的生活。

基里尔很早就结婚了。他爱他的妻子，努力养活他的家庭，努力做一切道德和社会价值观规定的、应该做的事情，努力完成现代社会对父亲、丈夫和男人的所有要求。

他做的每件事都是正确的，但他不明白为什么在这个过程中自己没有获得快乐，为什么他越来越多地听到妻子说，他变成了一个循规蹈矩的人。他们现在的生活单调无味，已经没有什么把他们联系在一起。

但是，难道他不是一直在努力吗？没有拼命苦干吗？对于这段关系没有完全付出吗？是的，他做的每件事都是正确的，但他是否意识到，他是为什么和为谁在做这一切？

当关系开始破裂时，基里尔参加了一次我的马拉松疗程，报名参加了基础疗程的小组。上了一周免费课程后，他很快就给我发了一条信息，说他明白了一切，明白了在他身上出现的问题：

当他旁观了自己和他的全部生活后，他意识到，他的所有行为都是按社会的要求去完成的。这些要求是按道德准则和生活规则来设定的，而非按他的内心感觉，不是依据他的内心世界。

在基里尔的内心世界中占统治地位的是空虚、沉寂和孤独。他把内心的空虚转换为关心他所爱的人。但大家都知道，一个男人照顾他的家庭、他的妻子和孩子是合理的。这有什么不寻常的地方？没有。简单地说，除了照顾家庭，基里尔的生活中没有别的东西了。

　　值得注意的是，很多女性同样过着这样的生活。她们把全身心交给了家庭，只关心丈夫的事业，关心他的成功，并且完全忘记她们自己也该希望点什么的，也应得到点什么。

　　当你把自己与另一个人的生活联系在一起，每天过着你的生活时，走出这种状态并开始过自己的生活是非常困难的。当一个人意识到自己实际上就是一个巨大的世界时，这是一个非常重要的时刻。在这一刻，一个人获得了建立自己的独立生活的机会。

　　摆脱孤独的第一个秘诀就是意识到问题并接受它。

　　你似乎已经明白，你是孤独的，你的任何行为都不是由你的真实愿望决定的，而是由社会的道德、由社会对今天的每个人的要求决定的。在意识到这一点后，什么会改变呢？

　　一切都会改变。这就像对病情作诊断，在诊断未明确时，医生帮助不了患者。但是，当你意识到问题之后，你就会开始控制它，而不是任由它继续控制你。

　　只是该如何做呢？许多人可能会说，他们很清楚，问题在于他们正同自己不爱的人或者不爱自己的人一起生活。两种情况都是可怕和痛苦的。意识到这一点后，你能改变一些东西。现在你可以权衡这种情况的所有利弊，并决定值不值得继续保持现状。如果你已经意识到，你长时间处于孤独中，很长时间没有生活在某一段关系中，而你也早就不再为此而烦恼，那么你该考虑这样的状态确实是你想要的吗？对你而言这真的是最好的脚本吗？

应该如何清楚了解自己的问题？我建议我的患者做一个相当简单的"潜水"练习。完成这个练习，每天只需要15分钟。有些人一天就掌握了这个练习，而有些人需要三天到四天。

既然我们在谈论孤独，我建议你远离他人独处，放松，让自己躺在半明半暗中。你可以在晚上或深夜点一根蜡烛来做这个练习。

当你完全放松时，问自己一个简单的问题："我是谁？"这一刻，在你的头脑中将开始出现真正的混乱。可能脑海里会浮出一些过去说过的话，一些画面，一些童年的记忆。请不要停止大脑的活动，让你的大脑平静下来，停在一个具体的答案上。你要记住它并继续冥想。

下一个问题你应该问自己："我为什么在这里？"这个问题会容易回答些，你会立即回答出为什么。你可能有几个答案，注意每一个答案，记住它们。

你可能会感到焦虑，可能会觉得你的身体僵硬，或者相反，全身无力，可能会觉得有人在你身上爬行，觉得你不得不立刻站起来并走开，或者你即将入睡。没关系，这是你的潜意识在精心隐藏这些简单问题的答案。如果是这样，那你就需要将它挖掘出来了。

接下来，要问自己："为什么我感到孤独？"注意是"感到"——不是"我是独自一人"，而是"我感到"。毕竟，孤独是一种情绪，一种感觉，它不是一件衣服或者你身体的某个器官。这是你的状态，正是因为它，你很快会止步不前，无法意识到自我的重要性。

玛丽娅经常感到孤独。她长得不漂亮，但她总是吸引男性注意。他们对这个姑娘献殷勤，但她不满意她所拥有的。她想要得更多。有一次，玛丽娅陷入了一个相当困难的境地。

她遇到了一个小伙子，她很喜欢他，他也喜欢她，但她却害怕了。她开始同他保持距离，远离他。这个小伙子不能理解女孩这种行为的原因，因为在旁人和他自己看来，她没有理由怀疑他的心意。

玛丽娅加入了我的马拉松疗程队伍，并在做恐惧练习时，要求进行单独咨询。在一起做"沉思"练习时，我们弄清楚了，原来玛丽亚认为自己是个被抛弃的、孤独的人，她来参加马拉松疗程的目的就是为了向周围的人证明，她不是微不足道的。而她孤独一人，是因为"邪恶和可怕的人不理解她，很多人经常欺骗她"。

现在我知道我该做什么了，很快我就能去除玛丽娅在道德和情绪方面的自我限制。为什么会有道德上的限制呢？因为生活和交往的准则全部早已经形成。那情绪上的呢？因为她对生活中的积极事件的反应已经有了某种负面的情绪。

当她得到礼物和赞美时，她可能会泪流满面，但她不是因为感到幸福而哭，而是因为她不能承认自己配得上这一切。怎么可能有一个人会站在她身边，她对这个人来说怎么可能是善良的、值得被爱的呢？

你同样可以自己确定，是什么动机和原因导致你陷入孤独的陷阱，你变成了谁，什么样的情绪和经历征服了你，以及如何独自处理它们。

当你完成这一切时，你将知道下一个秘诀：

摆脱孤独的第二个秘诀是停止与孤独作斗争，你要享受孤独。

　　如果你突然意识到，你的问题是由于你长期与孤独作斗争，否定它（例如，否认你在童年没有得到足够的关爱，你没有得到父母足够的关注，你想成为一名艺术家，而不是想当一名医生），那就不要再同这些怨念纠缠了。

　　一般如何与孤独进行斗争？你可能对过去的事情感到怨恨，尽管它们已经不能挽回，并且也不值得哪怕是尝试去这样做。你会为小事而心烦意乱。你可能试着向你所爱的人证明他不爱你，而你也不幸福；你可能经常同父母摊牌，并提醒他们对你做过的所有事情。这样做，你实质上是在与现实抗争，用已经不可改变的，也是你无法逃避和隐藏的东西去抗议。需要这样做吗？当然不，这只会使你的处境变得更糟，不会让你成为一个幸福的人。

　　不需要与任何人进行斗争。在战斗开始的那一刻，你已经输了。应该接受这种情况，然后走出去，关上你身后的门。

　　但是，如何摆脱被欺骗、被背叛的处境呢？如何重新开始和放下一切？你不是放下一切，你只是让自己摆脱这种看问题的方式。事实是既成的，没有什么能改变。但如果可能的话，最好以不纠正过去的方式去解决问题。

　　鲍里斯怎么都不能接受，他的妻子离开他去找了一个更成功的男人。他是一个完全知道自己想从生活中得到什么的人，愿意将自己宝贵的时间花在她身上。

　　是的，在这种情况下，鲍里斯输了，他提前撤退，没有为家庭而战，但他开始积极地与现实战斗——带着孤独。他变得经常用一些奇怪的想法，用自己独特的感知现实的方式折磨自己和周围的人。他可以随随便便在半夜打电话给他的前妻，告诉她他不再生她的气。而他的前妻只会吃惊地说，他们已经一年没有来往了，所以他为什么要打电话给她呢？

　　他会去拜访一位老朋友，并开始抱怨他和前妻生活得有多糟糕。而这位朋友回答他：现在是时候继续往前走了，因为他的前妻正在这样做，而且相当成功。

　　在这种情况下，与孤独做斗争是非常具有破坏性的，人自己把自己消灭在这场斗争中，不允许自己发展、成长。他感知到自己是孤独的，并同它做斗争，不想认清现实，并遭受内心巨大的痛苦。

在这种情况下，还有什么可做的？你应该放开伴侣，不要再要求她继续假想中的关系，同时也放开你自己。有时，人们开始极力地向某人证明某件事，试图在过去的问题上捍卫自己的正确性，然而这个问题其实早已过去，而且无法挽回。

享受孤独是意识到问题本身和痛苦的原因是孤独之后的下一个阶段。享受，这是一个积极的过程，这一过程伴随着某种心理上的欣慰。在这种情况下，你可能仍然希望一切都会改变，回归正常。你可能仍然相信你的伴侣会记得你，你家的门会再次为他们打开；你可能仍然希望父母会接受你，会像你梦想的那样对待你。如果你享受孤独，你就会超越孤独。你虽身在孤独中，却不再感到任何痛苦。你开始在其中找到积极的方面，意识到你确实是幸福的——在任何情况下。

如何开始享受孤独呢？如果它是客观的，它的出现应该有各种原因，那么你就找一个放松和关注自己的理由吧。容许自己幸福地独自一人吧。

　　"我允许自己这样做"——这就是你应该如何对自己非常期待的东西和事情作出的反应。

　　允许自己处于孤独的幸福中是第三个秘诀。

　　享受孤独的过程。例如，独自坐在河边，你慢慢会感受到幸福，你的焦虑和悲伤情绪会变成模糊的回忆，你会逐渐发现，你的回忆——尽管这是真实的过去，但是——你还拥有真实的现在和真实的未来。这才是我们应该思考的。

　　真实的未来是在此时此地形成的，如果你仍然沉浸在孤独中，那么你是在塑造自己孤独的未来。什么都不会改变，除了感知。但孤独依然存在。是你自己让它渗透到你的未来生活中去的。

　　如果你能让自己在孤独中幸福，那么你是人格完整的人。你能让自己嘲笑过去的问题，并在其中为未来找到新的机会；你能嘲笑你不得不经历的事业上的困难，并发现，多亏了它们，你变得更强大、更理性、更积极了。

　　你能感到幸福，是因为你不再同那个只会给你带来问题，同你关系不亲密的人交往。摆脱困境的最好方法是，你要清楚地明白不必参照那个伤害过你的人，你也是幸福的。但做到这一点需要时间。

给自己时间——这是第四个秘诀。

是的，时间并不总是对我们有帮助。我们时常沉浸在某些微不足道的事情中，却不去完成我们的基本义务，不去履行我们的职能，不去承担自己的责任。因为我们一直忙于做别的事情。

或许你已经忘记了过去的悲伤经历，并积极地尝试做现在的事情。你是幸福的，但还不是在此刻的现实中。你还在定期回望。

塔玛拉很久以前就同丈夫离婚了，并且几乎忘记了那段痛苦的经历。对他有时和孩子们一起玩，试图用点什么来刺痛她，塔玛拉几乎没有反应。她一点也不在意前夫，一切似乎都很好。但是，在塔玛拉的生活中也没有出现新的关系。她既没有继续与不靠谱的丈夫相处，也没有建立新的关系。

似乎是现在在妨碍幸福？过去的一切已经过去了，现在的一切都被描绘成欢乐与平和的颜色。是该建立一种新的关系了。但塔玛拉一直告诉大家现在还不是时候。虽然她并不是在回忆过去的经历，但她似乎觉得，过去的一切也才刚刚过去。

　　我们的潜意识有时会恶意地同我们开玩笑——它是在做双重保险，为我们储备数月或数年的时间来充分体验和意识到问题，并持续"保鲜"。重要的是要明白，在"储备"的过程中，你可能会错过很多机会，建立新关系、开展新业务和建立现有关系的机会。

　　如果是正在进行中的关系有问题，事情就要复杂得多。在这里，一切不是取决于一个人，而是两个人，但伴侣们并不总是对情况作出同样的反应，也不能总是同时平复情绪。有人已经在向前走，变得幸福，发展自我，而有人被卡在某一阶段里，怎么都不能从中挣脱出来。

　　格列布是个成功的商人。得益于同妻子成功的联姻，他取得了很大的成就。她以一切可能的方式鼓励他，总是支持他，时刻注意，让他从不操心日常生活中的小事，不让家庭琐事影响他的工作。

格列布珍惜这一点，并清楚地意识到妻子为他做的一切。他竭力去追求事业的成功，不仅是为了他自己，也是为了家庭。因此，他将大量的时间用于工作，几乎是24小时待命。当有人给他提供了一份在其他城市的新工作时，他毫不犹豫地接受了。他坚信，他的妻子会支持他，一家人会有很好的未来。

但这一次出了问题。妻子在听到这个消息后沉默了几天。她不再对丈夫的工作感兴趣，陷入自我沉思，不和任何人谈论任何事情。几天后，她告诉她的丈夫，她还没有准备好搬家，但他可以自己赴任。当她准备好放弃现在的生活时，她一定会跟随他去新的城市。

是的，也许这样是不对的，妻子应该相信自己的丈夫。但是，丈夫在做任何决定时，难道不应该倾听一下自己另一半的愿望吗？

现在的问题是丈夫坚持迅速搬家，仅在一周内就要转换居住地。他没有考虑到，他的妻子需要操心收拾搬家的东西，为孩子们安排转学，以及其他许多事情。这些事情需要的时间比他给她的时间要多得多，所以这位女士选择了直接回避问题。她给了自己时间以做出明智的决定。由于这对夫妇很少见面，也很少在一起，所以即便分居，这位女士也不觉得失去了什么。

如果你需要时间，但伴侣没有给你，那么这种关系就不会持续很长时间。最大可能的是，如果你被催促，那你可能会做出一个完全不同的决定，因为你还没有准备好往前走，而是被推着往前去的。

为了在这种情况下帮助自己和伴侣，你需要做的不是抱怨他未经征询而做决定，需要告诉他，他是你珍惜的人，你支持他，并愿意现在回答所有的问题，愿意现在就把肩膀给对方依靠。

如果你自己面临需要做决定，不要让自己独自一人面对疑问。它会毁了你。

摆脱孤独的第五个也是最重要的秘诀——帮助他人摆脱孤独。

许多人从反方向，从最后一个，也就是第五个秘诀开始尝试。他们帮助别人，试图治愈另一个人的心疾时，自己也逐渐摆脱孤独综合征。例如，许多人从事慈善活动，帮助那些需要帮助的人，正是因为他们自己曾经处境艰难，被抛弃，被遗忘，所以希望哪怕有一个人可以不经历他们所经历的事情。那么，如何实现这一点？应该让人从痛苦中释放出来，帮助他。

善行总是能净化灵魂，让人体验到参与他人幸福的神圣感。

我做慈善活动已经很长时间了。我帮助那些允许让我靠近、了解和帮助的家庭。事实上，不存在任何没有办法解决的情况，但在某种时刻，一个人可能会被生活的情势逼到墙角，只有他人向他伸出援助之手，他才能走出死胡同。

通过为失去父母关爱的孩子们举办音乐会和节日庆祝活动，我把自己部分的爱送给孤单的他们。我送给他们的是一个幸福的机会。他们在这样的时光中也觉得，这就是一个真正的家庭节日。这不是幻觉，这个持续时间不长的现实在把他们和我都变得幸福。我有意识地把他们从孤独中释放出来，把这一点直接作为自己的责任。我以前这样做是为了摆脱我童年时的孤独综合征。

我照顾我的儿子，是因为我想让他拥有我没有的一切。我也不认为，爱还会有多余的时候。我试过了，试图用他的生活来摆渡我内心的冲突，但这并不总是能成功。后来，我只是给予他幸福，在方便的时候和他在一起，以我儿子接受的形式。

这里所指的是，不需要试图强行把一个人从孤独中解放出来，只是尽力为他提供帮助，对他表示关心，但是不要强行要求。如果一个人主动联系你，那么请帮助他摆脱孤独。这样你们既高兴又幸福。

所以，如果你是一个人，你喜欢的那个女孩，她也是孤单一人，你可以先同她建立友谊。然后渐渐地，给她时间，逐渐转到深层的关系，转到其他的情感。这样，你同她的距离就更近。

不要挽救已经破裂的婚姻和关系，你不是救世主。但努力经营它们，促使它们发展！

我的许多患者来就诊时，还有自己的另一半。他们开始经常给予自己的伴侣关心和爱，或者开始追究过去的不愉快，讨论关系中出现的所有问题。他们没有意识到对方想要的是平静。他已经受够了各种摊牌和压力。现在该是平静生活的时候了，他为此已经做好准备了。

我们的思想塑造着我们，但我们能改变思想。

非常重要的是，对发生的每一件事承担责任，而不是把它推到欺负人的人和敌对的人身上。如果你已经让孤独进入了自己的生活，你要有勇气摆脱它。是的，孤独让人厌烦极了，但它不是一个单独的功能器官，它是你的一部分，你本质的一部分，它需要关心和照顾。所以，请让自己得到充足的关心和照顾，让自己不缺乏带有高度的忠诚和爱的、新的长期关系。

爱你的孩子，平静地生活。去关爱，去向别人学习关爱。要意识到自我，如果你对某件事不确信，就让自己叫暂停。但一定要，一定要摆脱孤独综合征。

第九章

童话：一颗孤独的星星

这是一则通俗的寓言故事，它是关于孤独的人的复杂而神秘的世界。

　　"在人的世界里，一切都很简单！可以只是走在街上，接着遇到几十个、数百个女人和男人，他们可能会成为你的朋友。可以不小心坠入爱河，可以随时找到朋友，感受到真正的幸福。在星星的世界里，一切都要复杂得多。许多事情在那里是不可能的。"一颗星星低头看着在夜晚的星光照耀下那些忙碌的人们，得出这样的判断。她觉得他们似乎是某种弱小、荒谬、笨拙，但又是如此有趣的存在。

　　当有人在哭泣的时候，星星很难过。她想："为什么要流泪？一切都会过去的，你也会再次有笑容，人们总是在哭过之后又笑。他们总是还想要一些东西，但不知道自己想要的究竟是什么。"

　　当星星在人群中找到一个真正快乐和幸福的人时，她赠予他自己的光。然而他看不见，因为她的光被阳光掩盖了。星星为浪漫的人感到高兴，他们在屋顶上、在海边、从家里的窗口欣赏着星光。在她看来，这些人是特别的，他们对世界、对宇宙都有很大的意义。

　　星星喜欢赠予他们自己清冷的光亮，努力让光更亮，问候他们，然后他们也看着她，并许下心愿。

　　"他们真好啊。他们不是孤单的。"每当星星看到一对夫妇推着婴儿车向前走，或者两位结伴一起散步的老人时，她都在心里感叹。在她看来，人类世界是完美的，毕竟，街上的人都在忙着思考未来，也就是说，他们现在生活得很好。

星星很担心，如果某个孩子晚上会睡不着，会哭。她很遗憾自己不能从天空中落下，去温暖和拥抱哭泣的孩子，但孩子有妈妈，她可以半夜把他抱在怀里，摇着哄他入睡。

她非常喜欢那些坐在阳台上相拥着，一聊就是几个小时的情侣。没有比这更幸福的事了——如果她可以让自己坐在爱人旁边。

有一段时间，星星觉得人是完美的，他们根本不可能有缺陷。对人们来说，没有什么是不可能的，一切都是可能的，一切都是真实的。而她只是一颗冰冷的孤独的星星，在太空中发光，闪烁着清冷的光，什么也解决不了，也没有谁可以帮助她。她没有活着，也没有死去，只是存在而已。

这些想法折磨着星星，但她试图把它们放在一边，再次观察人类幸福而不孤单的世界。

但在某一时刻，她开始注意到，世界上正在发生的奇怪的事。她看到，在相爱的情侣旁边，走过裹着暖和的衣服、驼着背、闷闷不乐的人们。她以前没见过他们，因为他们从来没有仰望过天空。他们甚至躲开月光和阳光。他们试图不惊动任何人地从人群中穿过，很快就回到自己的公寓。

星星心里变得不平静。她开始注意到另外一类人，他们每夜都因哭泣而不能入睡。以前，星星认为人们是因为幸福而流泪，但仔细看后，才明白他们流泪是因为无法控制的悲伤，而且没有人，没有一个人来帮助他们。他们是孤独的，不是在一个巨大的银河系中——在那里，天体之间隔着数百万公里——而是在一个有数十亿人的小星球上。

巨大的悲伤必须由人独自去经历，这是星星已经学会了的。她看到孩子们哭，因为他们想拥抱和亲吻妈妈，但妈妈却越来越大声地叫喊，不明白为什么孩子总是要脾气，认为孩子任性。可孩子只是感到孤单，他只是想要有人抱着他。

男人和女人互相大喊大叫，因为他们都自以为是。人们住在同一屋檐下，但他们哭泣、喊叫、生气，并试图远离彼此。

当星星更好地观察那些孤独、孤立的人们后，她意识到这样的人有很多，而且人们随时都可能变得孤独。

所以星星害怕了，毕竟，如果她突然在太空中找到她的另一半，她也可能会随时失去他。因这些想法，星星的内心变得很糟糕，她试图把这些想法从自己身上赶走，但没有成功。

她开始注意到，越来越多的人独自漫步在屋顶上，看着天空，并在向她索求着一些东西。但是，怎么能向冰冷的发光体要东西呢？"你们是幸福的人啊！"她想，"你们可以去你们想要去的地方，爱你们想爱的人，拥抱你们想拥抱的人。你们可以选择在哪里醒来，在哪里入睡。你们有很多机会！"而天体则只有自己的运动轨迹和漫漫长路。

人们是幸运的，因为与星星相比，他们的寿命虽然不是很长，但在如此短的生命中，他们来得及做很多事情。

星星越来越心烦意乱。她明白，孤独的人失去了希望，不再相信有人会帮助他们，有人会拯救他们。他们在糟糕的事情中，怀着愚蠢的想法去寻找救赎。他们渴望向自己证明一些事情，但没有从中获得什么好结果。

星星决定，不能再接受这一切，因为这个世界，这个她从上俯视着的世界让她感到非常心痛和害怕。怎么能这样呢？怎么能看不到你周围所有的幸福呢？一个浪漫而热爱生活的人，怎么能在下一刻，在阳台上徘徊，想着这一生什么时候会结束？为什么人们如此善变？他们究竟想要什么？为什么有这么多人在他们旁边时，他们仍然认为自己有权感到孤独？星星开始紧张起来，她变得越紧张，她发的光就越明亮。她气得沸腾起来，觉得自己快要崩溃了。

她想大喊大叫，让人们听见，向他们解释他们的生活不应该这样，所有的人彼此都很亲近，每个人都有自己的幸福，人们几乎在任何事情上都有选择，他们的生活轨迹每天都在改变。

当星星例行在思考，她还有多长时间可以把自己的光赠予那些不知道感恩、内心孤独、看不到外部世界的人时，突然，她周围的一切都开始闪闪发光！她体验到一种难以置信的幸福感。有一瞬间她感到她也可以做任何她想做的事，她摆脱了生活的枷锁，现在就可以飞到任何她想去的地方。然后，在某一刻，星星熄灭了。

这是地球上的人们最难忘的画面之一。那天晚上，数以百万计的人因看到了天空中绽放的美丽而屏住呼吸，紫色的闪光让他们目眩神迷。他们觉得，这似乎是一个来自天上的信号，有人向他们发出了信号：他们在宇宙中并不是孤单的。

这颗星星让人们在瞬间感觉到他们并不孤单，有人从天上看着他们，每天都有人在旁边看着他们。于是他们非常急切地去找某个人，并希望这一切还来得及——生命不是永恒的，就连星星也会熄灭，那些为自己臆想出孤独的人的生命也是如此。他们忘记了自己是为幸福而被创造出来的。

结束语

　　我们所有人一生中至少有一次会成为前面寓言里的那颗星星。我们同样都失去过亲人和爱人。通过这个故事，你可以深深感受你回避的一切。你可以看见，你自己或你的亲人孤独地走在寒冷的街道上，看不到周围发生的一切美好。

　　给你揭示一个重要的秘密：你从出生开始就不是孤单一人，你只是有时一人独处。如果说佛教僧侣是在孤独中寻找某种神圣的意义，那孤独则会吓到你、束缚你，引起你恐慌。

　　精神上、心灵上的死亡总是导致更有意识的、更丰富的新生命诞生。并非孤独是个混蛋，而是你的理智，它在同你玩游戏，欺骗你，指出你只有一条路——生活在孤独中。但事实上，即使得出相关的结论，你应该做的也只是向前走。

　　摆脱孤独的五个秘诀——这是开启新的美好生活的万能

钥匙。它会帮助你走向没有恐惧、没有陈规陋习的世界。远离那些轻视你的人的生活。

为了你自己的幸福，使用这些秘诀，你还可以帮助许许多多的人摆脱孤独——只需要向他们伸出帮助之手，告诉他们这些秘诀。运用它们，你将很快改善你生活的所有领域，恢复失去的关系和内在的自我价值。活着并记住：孤独是一种状态，如果你身处其中，这意味着，实际上是你自己主观允许它存在的。是时候改变这一切了。

孤独是一种选择，即使你没有选择它，而是它选择了你，你也有办法摆脱它。